图说

航天科学与技术

闻新　徐一方　周露◎编著

化学工业出版社

·北京·

内容简介

本书采用图文并茂的呈现方式，结合素质教育的需求，全面介绍了航天领域的基础知识和重大里程碑事件。内容不仅涵盖火箭、卫星、飞船、空间站等各类航天装备，还包括探月工程、太空望远镜、星际飞行、星际文明探索和新概念航天器等前沿探索领域，为读者构建了一个完整的航天知识体系。

作为一部兼具科学性与普及性的著作，本书特别注重科普特色。通过通俗易懂的语言解读深奥的航天知识，配以大量图片资料，并借助重要历史事件串联航天事业的发展脉络，帮助读者全面了解航天领域的过去、现在与未来。本书具有广泛的适用性，既能满足广大航空航天科技爱好者的求知欲，也能为相关领域的干部和技术人员提供专业参考，还可作为高校通识课程的教材。

图书在版编目（CIP）数据

图说航天科学与技术 / 闻新，徐一方，周露编著 .
北京 ： 化学工业出版社， 2025. 9. -- ISBN 978-7-122
-48590-8

Ⅰ . V52

中国国家版本馆 CIP 数据核字第 2025LT8033 号

责任编辑：王清颢　　　　　　　　装帧设计：王晓宇
责任校对：李露洁

出版发行：化学工业出版社
　　　　　（北京市东城区青年湖南街 13 号　邮政编码 100011）
印　　装：天津裕同印刷有限公司
710mm×1000mm　1/16　印张 16　字数 325 千字
2025 年 10 月北京第 1 版第 1 次印刷

购书咨询：010-64518888　　　　　售后服务：010-64518899
网　　址：http://www.cip.com.cn
凡购买本书，如有缺损质量问题，本社销售中心负责调换。

定　　价：98.00 元　　　　　　　　版权所有　违者必究

　　人类对飞天的向往，犹如文明诞生时点燃的星火，始终在历史的长河中闪耀。远古时期，世界各地的先民仰望星空，将日月星辰编织成神话。在中国，有"嫦娥奔月""牛郎织女"的浪漫遐想；在古希腊神话中，伊卡洛斯用蜡翼飞向太阳的故事，寄托着人类挣脱地心引力束缚的渴望。这份渴望在 15 世纪迎来了勇敢的实践：明朝官员万户将数十枚火箭绑在座椅上，尽管以生命为代价，但他成了人类历史上首位尝试航天的先驱，月球上的"万户山"永远铭记着这一份勇气。

　　进入近代，航天探索从幻想走向科学。19 世纪末，苏联科学家齐奥尔科夫斯基发表《利用喷气工具研究宇宙空间》，首次提出液体火箭推进理论和星际航行构想，为现代航天奠定了理论基石。20 世纪 30 年代由乙醇和液氧推动的火箭——V2 被投入使用。

　　第二次世界大战后，航天进入了"黄金时代"。1957 年，苏联将第一颗人造卫星"Sputnik I"送入太空，标志着人类正式迈入太空时代。1961 年，苏联宇航员加加林乘坐"东方 1 号"飞船完成首次载人太空飞行，绕地球一周的壮举使"飞天"从神话变为现实。1969 年，美国"阿波罗 11 号"登月任务中，阿姆斯特朗踏上月球时那句"这是个人的一小步，却是人类的一大步"，成为航天史上的永恒印记。

　　与此同时，中国航天也从零基础起步。1970 年，东方红 1 号卫星成功发射，使中国成为世界上第五个能独立发射卫星的国家；2003 年，杨利伟乘坐"神舟五号"进入太空，圆了中华民族千年的飞天梦；2020 年，"嫦娥五号"携月壤成功返回，

标志着中国探月工程"绕、落、回"三步走圆满收官；2021年，"天问一号"成功着陆火星，使中国成为第二个探测器成功登陆火星的国家。从"两弹一星"的艰难起步到"天宫"空间站的稳定运行，中国航天以自主创新的姿态跻身世界前列。

本书秉承"全景式科普"的理念，沿着历史脉络与技术逻辑展开讲述：绪论部分厘清"航空""航天""航宇"的概念边界，解析航天大系统与空间资源的核心内涵；"人类航天发展史"章节从早期火箭讲到商业航天新时代，特别收录了中国航天从追赶到引领的奋斗历程；"航天奠基人"单元聚焦齐奥尔科夫斯基、钱学森等8位先驱，展现他们突破时代局限的智慧；"航天文化"则串联起科幻作品、航天精神与"航天日"，揭示航天与人类文明的深层联系。

技术层面，本书既解读了导弹与火箭的原理差异、航天器轨道的数学逻辑，也介绍卫星的多元功能（如"北斗"与GPS的对比）、飞船与空间站的运作机制，甚至细致到航天飞机的设计细节与空间碎片的清理方案。对于"哈勃""韦伯"等空间望远镜的发展，以及2035年人类登上火星、太空旅馆等未来图景，也都有生动呈现。

本书避免复杂公式，通过案例化叙述使各年龄段读者都能轻松理解。

本书的完成，离不开多方支持："两弹一星"院士与中国航天领域领导的指导，为本书内容的科学性把关；南京航空航天大学、北京理工大学、哈尔滨工业大学、北京航空航天大学的同仁与同学们提供了珍贵的实践素材；化学工业出版社为本书的出版提供了支持……在此，一并表示感谢。

本书基于作者多年高校教学经验和参与中国科协"大手拉小手"科普讲座的经验，经过系统整理及十余年沉淀打磨而成，可作为广大航天爱好者，尤其是青少年读者的科普读物，也可以作为大学通识课的教材，以及中学科技课的教材。

由于航天技术日新月异，书中难免有疏漏之处，恳请读者批评指正。愿这本书能成为一把钥匙，打开探索宇宙的大门，让更多人感受航天的魅力，传承那份敢上九天揽月的探索精神。

编著者
2025年暑假于北京

Contents

第 **3** 章

航天器飞行原理及轨道知识 ⋯⋯⋯⋯⋯⋯⋯⋯⋯⋯⋯⋯⋯⋯⋯⋯⋯ **041**

第 **4** 章

火箭 ⋯⋯⋯⋯⋯⋯⋯⋯⋯⋯⋯⋯⋯⋯⋯⋯⋯⋯⋯⋯⋯⋯⋯ **065**

第 **5** 章

第 1 章
什么是航天

近年来，人类航天事业取得了一系列举世瞩目的辉煌成就，从火星探测到空间站建设，从商业航天到深空探索，这些突破性进展进一步激发了公众对航天领域的关注热情。本章主要对航天的概念和基本知识进行介绍。

1.1 航天、航空和航宇

钱学森先生认为人类的飞行活动可以分为三个阶段，即航空、航天、航宇。航空是指人类在大气层内从事的飞行活动；航天是指人类在大气层外从事的飞行活动；航宇是指人类在太阳系外从事的飞行活动。

什么是航天呢？"航天"一词是钱学森首创，他最初从毛泽东的诗句"巡天遥看一千河"中得到启示，把人类在大气层之外的飞行活动称为"航天"。他还提出了"航宇"一词，亦即"星际航行"，他在《星际航行概论》一书中详尽地论述了行星之间以至恒星之间的飞行。今天，"航宇"一词对于中国人而言，还不是所有人都知晓得，但"航天"一词已经是家喻户晓了。

航天，既蕴含了人类进行航天的活动，又包含了航天飞行活动所涉及的各种技术。通常人们习惯于将航天理解为技术，甚至与高科技连带在一起。事实上，航天同时还包含着人类思维的进步，因为人类思维活动驱动着航天活动的发展，航天活动标志着人类文明程度的高度发展。

1.2 关于飞天的传说

（1）古代玛雅类似航天员 [1] 的浮雕

人们在玛雅文明的遗迹中竟然发现了与航天科技非常接近的痕迹，在巴伦杰神殿的"碑铭神庙"中，巨大石室的墙上刻有九位身着盛装的神官及一位带有奇妙头饰的青年的浮雕。浮雕的碑文描述："白色的太阳之子，仿效雷神，从两手中喷出火……"

在今天的人们看来，这个浮雕中的青年与现在的航天员十分相似（见图1.1），浮雕中的青年双眼直视前方，他戴着一个奇妙的头盔，身上有两条管子连接着类似航天员携带空气和水的箱子，箱子后面喷出火焰，类似航天员的推进装置在工作。

科学家认为，这个浮雕看起来与今天的载人航天类似，如果这张图是古代玛雅人照着他们制造的机器画的，那么就证明他们已经具备从事太空探险的能力。

图1.1 青年浮雕

---

[1] 书中"宇航员""航天员"因参考资料来源不同、使用背景不同，未做统一，两者具体区别可参考本书第6.5节。

（2）中国古代"航天员"

考古发现中国古代"航天员"与今天的航天员形象非常接近。在我国甘肃，半山文化遗址出土了两个陶质半身人像，这些人像圆头、长颈，额顶有一对极似一副护目镜的圆镜状饰物，形象与现代航天员模样十分接近（见图1.2）。考古学家认为，其中一位"航天员"是《山海经·大荒西经》中所说的西海之神，同现代航天员一样都身怀绝技，有过硬的本领和智慧。中国古代的神仙，像是航天员的化身，把航天科技看成"成仙术"，那航天就可以看成"升仙"，把航天员看成"天神"或"仙人"。

另外，《山海经》中记载了"羽人"，考古学家在一个明清时期就已经被盗的墓室里发现的雕刻上有羽人的形象。羽人身长30～40厘米，有一对大大的翅膀，后面有一片云朵，羽人似乎正在展翅高飞（图1.3）。

玛雅帕伦克国王巴加尔二世陵墓的石棺上的图案类似于现代宇宙飞船（见图1.4），但也有些历史学家认为这是巴加尔二世在地府旅行。搞笑诺贝尔奖文学奖得主艾利希·冯·丹尼肯也主张外星生物创造论，认为远古文明因有外星人帮助而远超过现在科技，但因发生大灾难毁灭。

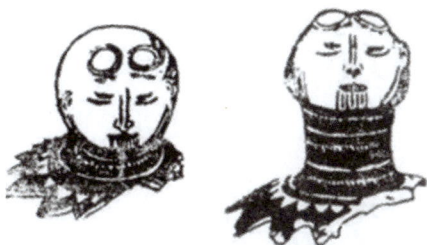

图1.2 圆头、长颈、额顶有一对极似一副护目镜的圆镜状饰物的古代"航天员"

图1.3 雕刻上的羽人

图1.4 玛雅帕伦克国王巴加尔二世陵墓的石棺上的类似现代宇宙飞船的图案

（3）中国神话中的女航天员们

神话中的嫦娥是中国最早的女"航天员"，今天中国把登月计划命名为"嫦娥工程"，也是基于这个典故。关于嫦娥身份有多种说法，一说是神话人物后羿的妻子，一说是上古黄帝时代的女性。"嫦娥"为什么"奔月"？也流传有两种版本，均源于《淮南子》。一种版本是嫦娥偷吃"不死之药"奔月，另一种版本是嫦娥被迫吃"不死之药"奔月的。

不论哪一种版本，嫦娥奔月都是身体骤然变轻，才升入太空、到达月球。如果将这个传说与现代航天技术相比较，便可以清楚地看出，中国古人是希望借用外力克服地心的引力，飞到月球上，其中"不死之药"类似火箭推进剂。另外，传说中的"女娲补天"中的女娲、秦穆公的女儿弄玉等等，都是古代中国神话传说中的女"航天员"（图1.5）。

图1.5 "女娲补天"壁雕（左）和"弄玉乘凤吹箫"图（右）

（4）代达罗斯和伊卡洛斯父子的飞天故事

希腊神话中有位名叫伊卡洛斯的年轻人，他的父亲是著名的巧手工匠代达罗斯。代达罗斯有一个神奇的作品，就是用蜜蜡和羽毛为自己和儿子制作了两对翅膀（图1.6）。身为翅膀的创造者，代达罗斯知道其作品是有限制的，他警告儿子伊卡洛斯不要靠近太阳，否则蜜蜡会熔化；也不要靠近海面，否则海水的湿气会阻碍双翼飞翔。

然而伊卡洛斯却不听劝告，他被太阳的光芒吸引，朝太阳越飞越近。终于双翼的蜜蜡被太阳的热量熔化，羽毛四散飘开，伊卡洛斯努力摆动双翼，却发现自己只剩下光秃秃的两臂，最后伊卡洛斯掉进了大海。

图1.6 伊卡洛斯父子

1.3 航天器的分类

航天器，又称空间飞行器，它们基本按照天体力学的运动规律飞行，但与自然天体不同的是，航天器可以被控制改变其运行轨道或回收。航天器分为无人航天器和载人航天器；根据是否环绕地球运行，无人航天器又分为人造地球卫星和空间探测器（图 1.7）。

1.3.1 无人航天器

无人航天器包括人造地球卫星和空间探测器。

图 1.7 各种类型的航天器

（1）人造地球卫星

人造地球卫星是指环绕地球飞行并在空间轨道运行的无人航天器，简称卫星。卫星是发射数量最多、用途最广、发展最快的航天器。在卫星系统中，各种设备按其功能的不同，分为有效载荷和卫星平台两大部分。不同类型的卫星的有效载荷均不相同；卫星平台为有效载荷的操作提供环境及技术条件。

今天，人造卫星是个朝阳领域，按用途分，它可分为三大类：应用卫星、科学卫星和技术试验卫星。

应用卫星是直接为人类服务的卫星，它的种类最多、数量最大，其中包括通信卫星、气象卫星、导航卫星、测地卫星、地球资源卫星、截击卫星等等。

科学卫星是用于科学探测和研究的卫星，主要包括空间物理探测卫星和天文卫星，用来研究高层大气、地球辐射带、地球磁层、宇宙线、太阳辐射等，并可以观测其他天体。

技术试验卫星是进行新技术试验，或为应用卫星进行试验的卫星。航天技术中有很多新原理、新材料、新仪器，必须在太空中检验其能否使用；判断一种新型卫星能否投入使用，需要将它发射到太空中进行性能试验；人类进入太空之前必须先用动物进行试验，而这些都是技术试验卫星的使命。

多数情况下，科学卫星也兼有技术试验功能，如我国于 1981 年 9 月 20 日用一箭三星技术发射成功的"实践"系列卫星，就是空间物理探测与新技术试验卫星。

（2）空间探测器

空间探测器，也称深空探测器，是用于探测地球以外天体和星际空间的无人航天器。空间探测器的基本构造与人造地球卫星相近，但探测器通常用于执行某一特定探测或调查的任务，因而会携带相应的特殊设备。

一般而言，空间探测器的主要任务是了解宇宙起源、演变和现状，了解太阳系变化，通过观察比较太阳系内各主要行星，从而进一步认识地球环境的形成和演变以及探索生命的起源等。专门用于对月球进行探测的空间探测器称为月球探测器，对其他行星进行探测的称为行星探测器、行星际探测器。

1.3.2 载人航天器

载人航天是指人类驾驶和乘坐载人航天器在太空中从事各种探测、研究、试验、生产和军事应用的往返飞行活动。其目的在于突破地球大气的屏障、克服地球引力，把人类的活动范围从陆地、海洋、大气层扩展到太空，更广泛和更深入地认识整个宇宙，并充分利用太空和载人航天器的特殊环境进行各种研究和试验活动，开发太空极其丰富的资源。根据飞行和工作方式的不同，载人航天器可分为载人飞船、空间站和航天飞机三类。

（1）载人飞船

载人飞船是指能够保障航天员在外层空间生活和工作以执行航天任务并返回地面的航天器，又称宇宙飞船。按照运行方式的不同，现在已成功发射的载人飞船可分为卫星式载人飞船和登月载人飞船两大类。卫星式载人飞船绕地球轨道运行，登月载人飞船用于运载登月航天员。目前尚在研究阶段的还有行星际载人飞船、火星载人飞船。

（2）空间站

空间站是一种在近地轨道长时间运行，可供多名航天员巡访或长期在太空工作和生活的轨道实验室。人类并不满足于在太空做短暂的旅游，为了开发太空，需要建立可供长期生活和工作的基地。空间站分为单一式和组合式两种。单一式空间站可由航天运载器一次发射入轨，组合式空间站则由航天运载器分批将组件送入轨道，在太空组装而成。

（3）航天飞机

航天飞机，又称为太空梭或太空穿梭机，是可重复使用的、往返于太空和地面之间的航天器。它结合了飞机与航天器的性质，既能代替运载火箭把人造卫星等航天器送入太空，也能像载人飞船那样在轨道上运行，还能像飞机那样在大气层中滑翔着陆。航天飞机为人类自由进出太空提供了很好的工具，它大大降低了航天活动的费用，是航天史上的一个重要里程碑。

1.4 航天器任务与轨道高度的关系

航天器与轨道高度的关系主要体现在轨道的类型、航天器的速度以及轨道周期上。轨道高度影响航天器的轨道速度和飞行特性。一般来说，轨道可以分为低轨道（低地球轨道）、中轨道（中地球轨道）和高轨道（高地球轨道），不同的轨道高度会影响航天器的运行特点。

（1）低轨道

低轨道一般指的是离地面100～2000千米的轨道。这个高度范围内的航天器需要较高的速度（通常为7.8千米/秒）才能维持稳定的轨道。离地面较近，空气密度较高，因此航天器在低轨道上会遇到一定的阻力，导致其轨道逐渐衰减，需要定期调整轨道（如使用推进器）。

低轨道适用于许多卫星任务，如对地观测卫星的鸟瞰可以让人们一次看到大面积的地球表面，卫星可以更快、更多地收集地球数据（图1.8）。而在地面上的任何装备都不具备这种能力。

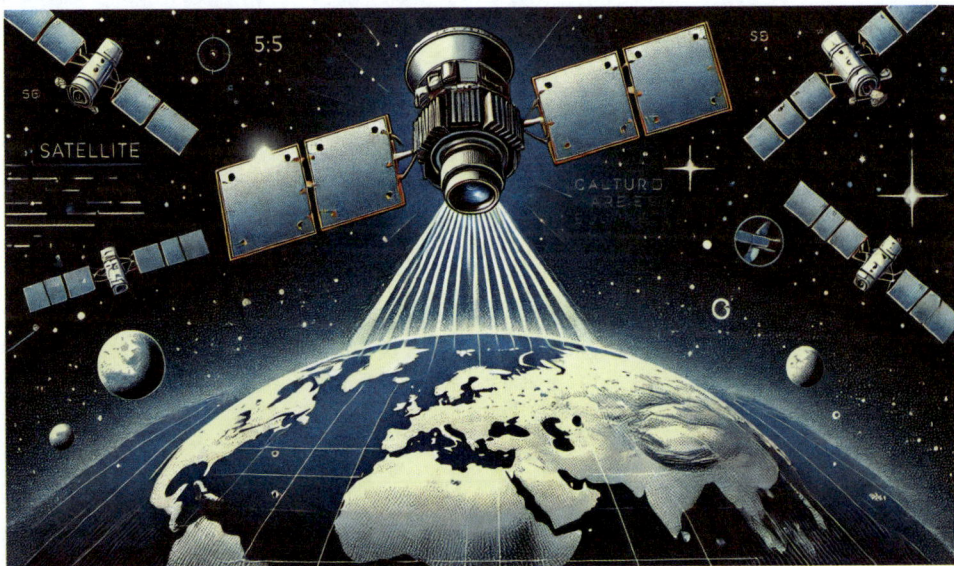

图1.8 对地观测卫星示意

（2）中轨道

中轨道高度通常为2000～35786千米，广泛用于全球定位系统（GPS）卫星。与低轨道相比，中轨道上的空气阻力较小，因此航天器的轨道保持时间更长。在中轨道上，航天器的运行速度较低，但仍需要足够的速度来克服地球引力。中轨道上，会有多个卫星以精确的轨道模式环绕地球（图1.9）。

（3）高轨道

高轨道指的是距地35786千米以上的轨道。其中，离地面大约35786千米的轨道被称为"静止轨道"或"同步轨道"。在这一轨道上，航天器的速度与地球自转速度相匹配，因此它们可以保持在地面上方相对固定的位置。高轨道通常适用于通信卫星，其用于电视信号或电话信号的转播（图1.10）。航天器在高轨道上运行的速度相对较慢（约3.07千米/秒），且由于远离地面，几乎不受空气阻力影响，因此轨道维持时间较长。

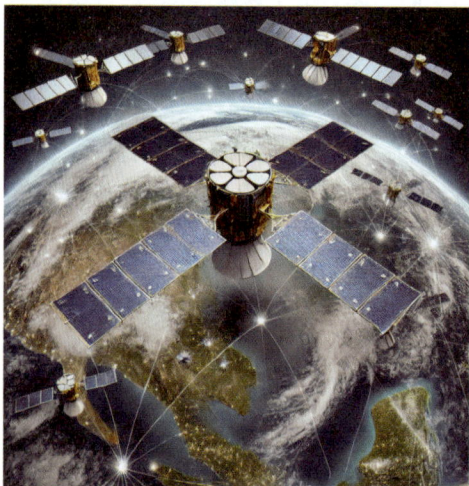

图1.9 中轨道卫星示意

图1.10 通信卫星示意

综上所述，航天器的轨道高度直接影响其运行速度、轨道周期、地面观测范围以及具体的任务应用。火箭会根据航天任务的需求，将航天器部署到不同的轨道高度（详见表1.1）。

表1.1 卫星轨道高度与任务的关系

卫星任务	卫星轨道高度/千米	卫星任务	卫星轨道高度/千米
对流层	10	载人飞船	150～500
平流层	10～80	对地观测卫星	800
电离层	80～500	导航卫星	10000～20000
逃逸层	500～1000	地球同步静止轨道	35786
航天飞机	250		

1.5　什么是航天大系统

航天大系统是由航天器、运载火箭、航天发射场、航天测控网、应用系统组成的用于完成特定航天任务的工程系统。其中应用系统指航天器的用户系统，一般是地面应用系统，如 GPS 接收机、气象预报等。

航天系统是现代典型的复杂工程大系统（图 1.11），具有规模庞大、系统复杂、技术密集、综合性强，以及投资大、周期长、风险大、应用广泛和社会经济效益可观等特点，是国家级大型工程系统。组织管理航天系统的设计、制造、试验、发射、运行和应用，要采用系统工程方法，在航天工程实践中形成了航天系统工程，进一步丰富和发展了系统工程的理论和方法。完善的航天系统是一个国家科技水平和经济实力的重要标志，目前世界上只有为数不多的国家拥有这种实力，而我国就是其中之一。

图 1.11　航天大系统示意

1.6　什么是空间资源

空间资源泛指在太空中人类可以开发利用的环境和物质，主要包括：相对于地面的高度资源，真空和微重力环境资源，太阳辐射物质与能量资源，月球矿物资源，行星资源等。

太空可利用的资源比地球上可利用的资源要丰富得多。就太阳系内部而言，月球、行星和小行星等天体上有丰富的矿产资源；类木行星和彗星上有丰富的有机化合物资源；行星际空间有真空和辐射资源。高真空和失重的空间特征，是生产电子产品和高级药品的理想环境。人类在太空中进行了许多科学实验，获得了相当大的实用效果和经济效益（图1.12）。

图1.12　人类开发利用太空资源示意

1.7　什么是商业航天

商业航天是指由私人企业或商业机构主导、投资或参与的航天活动，旨在通过提供航天相关服务或产品来实现经济效益。与传统由政府主导的航天活动不同，商业航天以市场需求为导向，充分利用技术创新和商业模式来推动航天领域的发展。

（1）主要特点

在现代航天发展中，市场需求成了重要的推动力。无论是卫星发射、太空旅游，还是数据服务，航天企业都围绕客户的需求不断调整目标，提供多样化的服务，以满足不同的市场需求。

为了实现可持续发展，航天企业格外注重降低成本。通过技术创新和更高效的生产流程，它们在大幅降低发射、运行等各类航天活动成本的同时，提高了商业竞争力。

航天技术的应用也日益多元化，不仅局限于传统的通信、导航和遥感领域，还延伸到太空旅游、深空探测以及货物运输等多方面，为未来的太空探索提供更多可能性（图1.13）。

此外，技术创新是航天领域的核心驱动力。特别是在私营企业的推动下，新技术迅速应用于实际项目中，比如可重复使用的火箭和小型卫星。这不仅提升了航天任务的频率和效率，也加速了航天行业的革新步伐。

图 1.13 商业航天发展示意

（2）国外代表性企业

SpaceX：开发可回收火箭、星链卫星计划、载人航天飞行。

Blue Origin：专注于亚轨道飞行、太空旅游和深空技术研发。

OneWeb：建设全球互联网卫星星座。

Rocket Lab：提供小型卫星发射服务。

（3）国内代表性企业

中国的商业航天产业近年来发展迅速，涌现出了一批具有代表性的企业。这些企业活跃在火箭发射、卫星制造、遥感数据服务、通信网络建设等领域，推动了中国航天商业化的进程。

① 火箭发射领域

星际荣耀：2019年成功发射中国首枚入轨的民营运载火箭"双曲线一号"，成为中国商业火箭领域的领先企业。发展方向为低成本、小型化火箭发射服务。

蓝箭航天：开发液体运载火箭，如"朱雀"系列，致力于可重复使用运载火箭的研究。发展方向是为中大型卫星提供灵活的发射解决方案。

零壹空间：聚焦小型火箭研发，已完成多次亚轨道发射测试。发展方向是提供微小卫星快速、低成本发射服务。

天仪研究院：提供小型卫星及其发射服务，已成功发射多颗商业卫星。发展方向是推动商业卫星的规模化生产。

星河动力：运营"谷神星"系列火箭，致力于低成本、高频率的商业发射服务。

② 卫星制造与服务领域

银河航天：专注于低轨宽带通信卫星研发，打造中国的"星链"计划。发展方向是建设全球化、低延时的通信网络。

九天微星：开发低轨卫星星座，服务于物联网、农业监控、智慧城市等领域。发展方向是推进商业小卫星批量化生产和数据服务。

长光卫星：中国首个商业遥感卫星公司，运营"吉林一号"系列卫星，用于高分辨率遥感成像。发展方向是为农业、环保、灾害监测等提供遥感数据支持。

③ 地面设备与数据服务

千乘探索：提供卫星数据分析与服务，涵盖农业、城市规划等行业。

航天驭星：专注于卫星控制、在轨服务及商业化遥感平台。

1.8 航天界的"行话"

你在看航天类的新闻、短视频时，是否会对带着"航天味儿"的用语不太理解？"拉偏"是什么？"点名"是什么？"两总"是什么？"抓总"又是什么？其实不只是国内，国外航天界也有一些"行话"，也就是航天领域的名词术语、习惯用语。比如，"Rocket Science"可不只是"火箭科学"的意思，"T+""T–"指的是什么？在航天人的世界里，这些"行话"不仅酷炫，还承载着技术细节。

1.8.1 国内航天系统的"行话"

发射与发车：在航天领域，"发射"通常用于正式场合描述卫星或火箭的发射，而"发车"是内部口语，指的是发射的准备和相关任务。

平台：通常指的是卫星的载体或搭载卫星的火箭发射平台，有时也泛指卫星工作的平台系统。

抓总：是指在航天工程中承担总体设计和技术统筹的核心单位。具体表现为系统集成、标准制定和进度控制三大核心职能。

两总：指的是项目的总指挥和总设计师。总指挥主要负责项目的调度、计划、经费等统筹管理工作；总设计师主要负责项目的设计、技术攻关等技术抓总工作。人们常说，总指挥负责项目怎样花钱，总设计师负责项目怎样实现。

归零：指装备的故障数量为零。也可以解释为，当系统内某一环节出现了问题，必须寻找故障原因，直到解决故障为止。

拉偏：拉偏测试，用于测试软件或设备在各种可能的工作状态下的性能参数值的变化，以检测算法或设备存在的潜在问题。有些问题，只有在一定条件下，才能暴露出来。

双想：型号研制工作，按照时间轴，沿着正反两个方向去"想"，就构成了"双"字。前期工作回想，回想犯过什么错误，研制过程当中出过什么问题，出的问题是否已经彻底解决了，这是"回想"；后期工作预想，思考接下来哪一步有可能出什么事，叫"预想"。

发射窗口：火箭的适宜发射时间段。由于航天任务的不同，火箭的发射时间有一个时间范围，被形象地称为"发射窗口"。发射窗口一般有四种：年窗口、月窗口、日窗口、零窗口。例如，要发射飞船去对接在轨空间站，需要分秒不差，那么火箭的发射时间就是"零窗口"。

停泊/停靠：停泊，追踪航天器在与目标飞行器有一定距离的位置暂时停留，与目标飞行器保持相对位置不变。停靠，追踪飞行器与目标飞行器交会对接后，随目标飞行器飞行的过程。

分离/撤离：分离，两个载人航天器对接锁系解锁，由刚性连接状态到脱离机械接触的过程。撤离，航天器从组合体对接状态分离，并远离组合体的过程。

回收：对从空间返回至地球特定区域的载人航天器、散落物和有效载荷等进行现场处置并转运至指定地点的活动。

试车：在地面测试火箭或航天器发动机的性能，包括强度和可靠性等指标。

单机：卫星或火箭的一个组成部分，或是一个完整的设备。

点名自检：又称"点名"，在火箭升空之前，检查各站点的单机设备是否处于正常状态。

打包：这是航天器遥测遥控分系统常用的术语，是指把数据和资源文件按照约定的格式封装整合成一个整体的过程，这样可以方便地完成数据的传输、处理、存储等任务。

装订：卫星入轨后，将软件从地面传输到卫星上去。

换装：按照任务需求，对卫星平台的设备进行替换的操作。

桌面联试：是指在卫星研制阶段，在测试大厅里进行的一种联合测试，验证卫星各分系统或设备之间的接口匹配性，确保它们能够协同工作，实现卫星的整体功能。

合练：是指在航天器出厂前，对航天器的各个分系统进行全面测试和演练的过程，包括对航天器硬件的检测、软件的调试、系统交互的验证，以及与地面测控系统的对接测试等，确保航天器在发射和运行过程中能够正常工作。

1.8.2　国外航天系统的"行话"

Shuttle：航天飞机。NASA 1981—2011 年使用的可重复使用航天器。"Shuttle"有时也用于非正式地指代任何航天飞机或太空飞行器。

Booster：助推器。提供初始推力以使航天器离开地面的火箭级。一般来说，它常用于指代任何火箭或太空飞行器的推进系统。

Launch Window：发射窗口。火箭可以发射以到达预定轨道或目的地的特定时间段。此时间段取决于多种因素，包括天体位置的排列。

Launch Pad：用于发射火箭的发射台。

Liftoff：火箭从发射台起飞的那一刻。

Payloads：有效载荷。火箭或航天器运送到太空中的货物，如卫星、科学仪器或机组人员。

Fairing：整流罩。在火箭穿越大气层上升期间，围绕并保护有效载荷的保护壳。火箭进入太空后，整流罩会被抛弃。

ΔV（Delta-V）：用于描述航天器完成其任务，如进入轨道或到达另一个天体时，所需的速度变化。

Boost-Back：反向助推。火箭发动机朝其运动相反方向点火以减速或改变轨迹的过程，常用于可重复使用火箭。

Stage Separation：级间分离。火箭在上升过程中，一节（级）与其余部分分离，通常是在其燃料耗尽后。

Deorbit Burn：离轨点火。减缓太航天器速度以进入大气层并最终着陆或烧毁的机动操作。

Recovery：回收。可重复使用火箭级或航天器完成任务后的回收工作。

Go/No-Go：允许 / 不允许。在发射前的倒计时中使用。"允许"表示所有系统已准备好发射，而"不允许"则表示某个系统未准备好，发射将推迟。

Hot Fire：热试车。在车辆固定不动的情况下点燃火箭发动机进行测试，以确保它们在实际发射前能够正常工作。

First Stage：第一级。火箭的第一部分，负责发射并提供初始推力。燃料耗尽后，它会与主体分离。

Second Stage：第二级。在第一级被丢弃后点燃的火箭级，继续太空之旅。

Spacecraft Bus：航天器总线。支持卫星所有系统的平台或基础，如电源和通信系统。

T 或 T-minutes：指发射前的倒计时。例如，"T 减 10 分钟"意味着距离预定发射时间还有 10 分钟。

All Systems Go：各系统就绪。表示所有系统均运行正常，任务已准备好进行。

Trajectory：轨迹。火箭或卫星在太空中所经过的路径。

Thrust-to-Weight Ratio：推重比。衡量火箭或航天器性能的指标，比较其推力（产生的力）与重量（质量）。高推重比对于进入太空至关重要。

CubeSat：小型模块化卫星。通常使用标准化的 10 厘米 ×10 厘米 ×10 厘米单元制造。"CubeSat"卫星常常用于教育或实验目的。

Space Tug：太空拖船。用于在轨道之间移动卫星或协助卫星部署的车辆。常用于服务或重新定位卫星。

Slew：转向。卫星或太空飞行器改变其方向或方向的移动。

Rocket Science：火箭科学。通常用作比喻，指某件复杂或困难的事情。有时在看似具有挑战性但实际上并不复杂的情况下幽默地使用。

Zero-G：零重力。它是指太空中的失重状态。

Downlink/Uplink：下行链路 / 上行链路。下行链路指从卫星向地球传输数据，而上行链路指从地球向卫星发送数据。

Launch Vehicle：发射载体。火箭，负责将卫星或其他有效载荷送入太空。

Vibration Testing：振动测试。模拟发射时火箭或卫星会经历的振动，确保设备能够承受发射中的机械应力。

Thermal Vacuum Testing：热真空测试。测试卫星在太空环境下的热性能，尤其是在无大气、极端温度的条件下。

Acoustic Testing：声学测试。检查航天器在发射过程中承受的噪音和声波压力。

Fit Check：适配检查。确保卫星或有效载荷能够正确安装在火箭上的检查。

T+Countdown：T+ 倒计时表示从发射时刻起的倒计时，T+ 数字表示发射后经过的秒数。例如，T+0 表示发射瞬间。

Gimbal：陀螺仪。控制火箭或卫星姿态的设备，用于调整航天器的方向。

Thrust Vector Control：推力矢量控制。火箭利用可调的喷嘴来控制飞行方向，确保其沿着预定轨道飞行。

Orbit Insertion Burn：轨道插入燃烧。在轨道上进行的推力操作，确保航天器进入目标轨道。

Deorbit Burn：去轨燃烧。卫星返回地球前，在预定时间进行的一次推力操作，通常用于调整轨道，确保安全重新进入大气层。

Station Keeping：轨道维持。卫星保持或调整其轨道的过程，尤其是对于那些需要精确轨道的卫星。

Orbit Raising：轨道提升。通过使用火箭或卫星本身的推进系统来提升轨道。

TLI（Trans-Lunar Injection）：月球转移注入。一种用于将航天器从地球轨道送往月球轨道的轨道变换。

Lunar Gateway：月球门户。计划中的一个绕月轨道平台，用于支持未来的月球探索任务。

图说
航天科学与技术

第 **2** 章
人类航天发展史

2.1 早期火箭

2.1.1 阿奇塔斯与"飞鸽"

阿奇塔斯（ARchytas，公元前428—前347年），古希腊哲学家、数学家、天文学家。阿奇塔斯被认为是最早研究飞行概念的人之一。他曾创造了一种以蒸汽为动力的机械——"飞鸽"。然而，这项发明的确切时间是未知的。这种装置的命名来源于它的形状：两侧有翅膀，前面像喙一样尖，正如一只展翅翱翔的鸽子。"鸽子"的背部有一个开口，与加热的锅炉相连，从而使蒸汽可以推动它的运动。

这只"鸽子"被绳子悬挂在一根长杆的末端，并绕着这个长杆转动（见图2.1）。

图2.1 古希腊哲学家阿奇塔斯及其发明的以蒸汽为动力的"飞鸽"示意❶

2.1.2 Hero 与引擎

亚历山大里亚的 Hero（古希腊数学家，公元10—70年）发明了一种蒸汽引擎。虽然不是火箭，却运用了火箭推进器的原理。目前关于蒸汽引擎的准确信息早已无迹可寻，只知道它是一种铜容器，其底部可以导热，容器中的水被加热蒸发成为蒸汽，从球体引出的L形管中高速喷出，导致球体沿着与喷气相反的方向快速转动（图2.2）。当时这种蒸汽引擎只被应用于玩具，经过一千多年之后，人们才开始意识到它的价值。

图2.2 亚历山大里亚的 Hero 展示他发明的蒸汽引擎示意

---

❶ 书中部分图为想象图，由 AI 制作，仅供参考。

2.1.3 中国发明火箭

早在公元一世纪的中国，火药就已
初具雏形（图 2.3）。由硝石、硫磺和木
炭按一定比例混合而成的粉末，在点燃
时，会产生色彩缤纷的火花和烟雾，这
便是火药的初始形态。当时，中国人用
这种粉末制作爆竹。他们将用竹子制成
的管子一端封闭，里面装满火药，并采
用特定的开口形状和粉末封装方式。当
火药粉末被点燃时，爆炸产生的热量使
气体急剧膨胀，在开口端处被急速喷出，
从而产生推力，爆竹在推力的作用下飞
起。火箭的雏形也由此诞生。到了公元
10～11 世纪，这些原始的火箭已经被当
作武器。

图 2.3　中国早期火箭武器

2.1.4 罗杰·培根改进火药配方

首先发明和使用火药的是中国人，
然而，关于发明家以及火药被发明和使
用的具体过程，史书上并没有明确记载。

在西方历史中，罗杰·培根（Roger
Bacon）首次进行了关于火药的一系列研
究。培根是一名修士，年仅 17 岁就在巴
黎修道院教授文学和自然科学方面的知
识。1261 年，培根改进了火药配方，极
大地增强了混合物粉末的威力（图 2.4）。

他在他的著作中提到火药：“我们可
以用硝石等物质，发射到远距离，引发
大火……仅仅使用非常少量的这种物质
就可以制造出强烈的火光，并伴随着可
怕的声响，使用它也许可以摧毁一座城
市或一支军队……”

图 2.4　13 世纪修士培根改进火药配方

2.1.5 万户的飞天梦想

万户是中国明朝中叶的一名官吏和占星师，他一直怀揣着飞天的梦想。为此，他制作了一把特殊的椅子，椅子底部绑上了几十支火药火箭，并在椅子上安装了风筝作为翅膀，以此作为飞天的工具。发射当天，他的几十名助手一拥而上，同时点燃了所有火箭的导火索，紧随其后的是巨大的爆炸声。当烟雾散尽之后，万户却消失不见了。有人认为万户成功地进入了宇宙，并成为了"月亮里面的人"。不论结果如何，万户都被当作是世界上第一个尝试利用火箭实现飞天的英雄（图 2.5）。

图 2.5 明朝官吏万户尝试利用火箭飞天

2.1.6 火箭进入战争

到了 14 世纪，火箭技术逐渐传播到中国以外的其他地区。随着技术的不断进步，这些武器的性能也在不断提升。在战争中，火箭与大炮形成了相互竞争的态势。火箭具备更快的发射速度，而大炮的精确度更胜一筹。在此之后，通过改进技术，火箭的射程得以延长，攻击范围也更为广泛。

在这一时期，火箭的各种新型应用不断涌现。公元 1420 年，意大利人若昂

图 2.6 火箭进入战争

斯·德·丰塔纳发明了一种能够在水面运行的火箭鱼雷，用于点燃敌舰，进一步推动了火箭技术在军事方面的应用。

2.1.7 卡齐米日·希敏诺维奇推导出多级火箭设计

卡齐米日·希敏诺维奇（Kazimierz Siemienowic，1600—1651 年），是波兰皇家炮兵部队的波兰立陶宛联邦指挥官，也是火炮和火箭领域的专家。他写了一份关于火箭的手稿，在他去世之前，有一部分手稿曾被刊登。在《Artis Magnae Artilleriae pars prima》（火炮伟大艺术的第一部分）一书中，他推导出了多级火箭的设计，这在

日后成为了向外太空发射火箭的基础技术。希敏诺维奇还提出了使用电池推进火箭，以及用三角翼稳定器取代当前火箭使用的导向杆的思路。后来火箭之父戈达德的成就，正是建立在希敏诺维奇工作成果的基础之上。

2.2 航天器飞行的理论基础

2.2.1 伽利略与惯性

伽利略（Galileo Galilei，1564—1642 年），意大利天文学家、物理学家和工程师，欧洲近代自然科学的创始人。他在科学上最伟大的贡献是在力学领域。古希腊先哲亚里士多德认为较重的物体比较轻的物体落地更快，这个想法统治了学术界几个世纪。而伽利略经过几次实验后，验证亚里士多德完全错了。事实是：一个物体，无论重或轻，都是以相同的速度落到地面，尽管它们的速度会受到空气的影响。

伽利略质疑了质量和引力的旧观念。古时候的人们认为，一个运动的物体最终会自己减速并停止，除非它被提供恒定的能量来维持运动。但伽利略的实验表明，这种普遍的想法是错误的。他证明了物体的运动不需要持续施加外力来维持，并称物体抵抗速度变化的这种性质为"惯性"。惯性作为基本性质之一，之后被牛顿纳入三大运动定律之中。

2.2.2 牛顿为航天科学奠定理论基础

英国科学家牛顿（Newton，1642—1727 年）把所有的运动科学凝练成了简洁的科学定律，发表在《Philosophiae Naturalis Principia Mathematica》（自然科学的数学原理）著作中（图 2.7）。这本书阐述了万有引力和三大运动定律，论证了开普勒行星运动定律与引力理论间的一致性，展示了地球与天体的运动都遵循着相同的自然定律。这是人类历史上第一次把天上的运动和地上的运动统一起来，为太阳中心学说提供了强而有力的理论支持，同时也为现代航天科学奠定了理论基础。

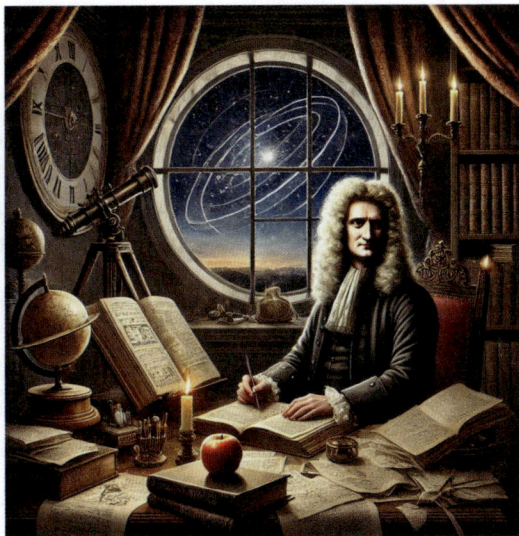

图 2.7 英国科学家牛顿

2.2.3　康格里夫致力于设计先进的火箭

威廉·康格里夫（Colonel William Congreve，1772—1828 年）是英国一位著名的火箭技术先驱、军官和工程师（图 2.8）。他因发明和改进火箭系统而闻名，特别是发明了康格里夫火箭（Congreve rocket），这对现代火箭武器的发展具有重要的影响。

在印度用蕴含巨大能量的"替浦苏丹"火箭弹对英国发动惊人的火箭弹袭击后，康格里夫接管了英国的军方火箭公司并对火箭进行改进。他的一些火箭设计的射击范围达到了 6000 码（1 码 = 0.9 米）。除此之外，他还创造了可以向敌军投射的投弹火箭和用于点燃船只与建筑物的燃烧弹火箭，并发明了从船舶上发射的火箭。1812 年战争

图 2.8　18 世纪末到 19 世纪，英国发明家康格里夫致力于设计先进的火箭

期间，法兰西斯·史考特·凯伊创造的短语"by the rocket's red glare"就是指英国发射的康格里夫火箭。

名词解释：

替浦苏丹火箭之所以以"替浦苏丹"的名字命名，是因为它是在迈索尔王国（现位于印度南部）统治者替浦苏丹的领导下开发并应用于军事战斗的重要武器。这种火箭在 18 世纪末期迈索尔战争中得到了广泛使用，并以其强大的威力闻名于世。

2.2.4　儒勒·凡尔纳开拓早期太空思维

遨游太空的梦想被法国的科幻小说家儒勒·凡尔纳（Jules Verne，1828—1905 年）带入人们的生活之中。在他的《从地球到月球》一书中，他描述了用一个巨型大炮把载人炮弹射到月球上的场景（图 2.9）。虽说不是火箭，却与后来的阿波罗登月计划有一些有趣的相似之处。这枚炮弹被称作哥伦比亚炮，载有

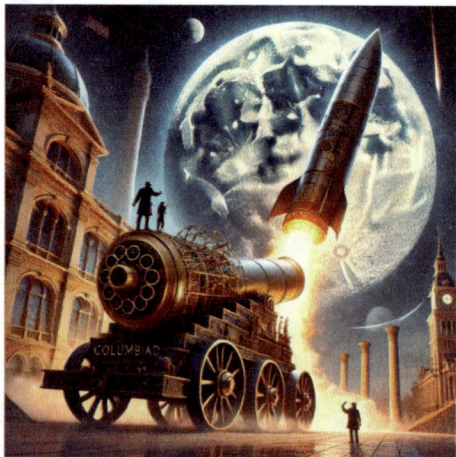

图 2.9　儒勒·凡尔纳对遨游太空的想象

三名船员，从佛罗里达州向月球发射。而阿波罗 11 号也是三名宇航员，从佛罗里达州升空。因此，阿波罗 11 号也被命名为哥伦比亚号。凡尔纳在书中详细地描述了航天员在他们航行过程中是如何感到"失重"的。不过根据他的描述，在大炮发射的初始加速度下，在实际中航天员们根本不会幸存。但无论如何，凡尔纳也是早期太空思维的开拓者，激发了许多未来的火箭专家和航天人的想象力。

2.3 第二次世界大战时期的航天技术

（1）飞行炸弹

战争的需要导致了火箭方面大规模的技术改进。几乎在一夜之间，火箭从新奇的、想象中的飞行机器成长为精良的杀伤性武器。

当时飞行炸弹的最高飞行时速为每小时 403 英里（1 英里 =1609.34 米），在海拔 11000 英尺（1 英尺 =0.3048 米）以上时具有火箭动力。它的终极俯冲速度为每小时 576 英里，射程约为 23 英里。机头的炸药达 1200 千克，而其破坏力超过 1000 千克。这不仅让战争变得更加残暴与血腥，对周遭环境的破坏更是达到了前所未有的高度。德国的飞行炸弹见图 2.10。

图 2.10　德军的飞行炸弹

（2）V2 火箭

20 世纪 30 年代末，研究宇宙航行的德国佩内明德研究基地制造并成功试飞了当时最先进的火箭——V2（图 2.11）。V2 是由乙醇和液氧推动的火箭，在沃纳·冯·布劳恩的主持下被研制。它有着 320 千米的最大射程和 90 千米的最大射高，可以毫无预警地将一吨爆炸弹头运载到伦敦的市中心。战争期间，德国军方制造了成千上万的 V2，但它们进入战争的时间太晚，已经无法改变战争的结果。

图 2.11　20 世纪 30 年代末在德国佩内明德发射 V2 火箭

2.4 冷战时期的航天

2.4.1 Bumper 项目

在欧洲的战争结束后，被缴获的 300 多辆卡车的 V2 火箭与其零部件，连同提前投降美军的主力设计师一同被运到美国。在此之后，V2 成为了洲际弹道导弹发展计划的基础，并直接牵引出美国的载人航天计划。美国研发团队在缴获的 V2 上面加了一枚 WAC 探空火箭（以美国陆军妇女军团命名），构成多级火箭，1950 年完成了 Bumper-WAC 火箭的首次发射（图 2.12）。经过六次试飞后，这个世界最大的两级火箭在美国成功发射，达到了大约 400 千米（259 英里）的射高。

图 2.12 1950 年 7 月，美国从佛罗里达州卡纳维拉尔角发射"Bumper-WAC"火箭

2.4.2 世界第一颗人造卫星

第二次世界大战后，美国和苏联展开了太空竞赛。1957 年 10 月 4 日，苏联发射了 Sputnik Ⅰ 卫星，取得了第一轮太空竞赛的胜利。这颗卫星为球形，外置 4 根天线，重达 83.6 千克（图 2.13）。两个月后，重达 508.3 千克（1118.26 磅）的第二颗人造卫星"Sputnik Ⅱ"搭载着第一只进入太空的动物——莱卡（流浪狗）进入了太空（图 2.14），并在地球运行轨道上飞行了几个小时。虽然最终莱卡死在了太空中，但这次试验为后来载人航天的研究奠定了基础，指明了方向。

图 2.13 1957 年 10 月 4 日，苏联发射 Sputnik Ⅰ 卫星

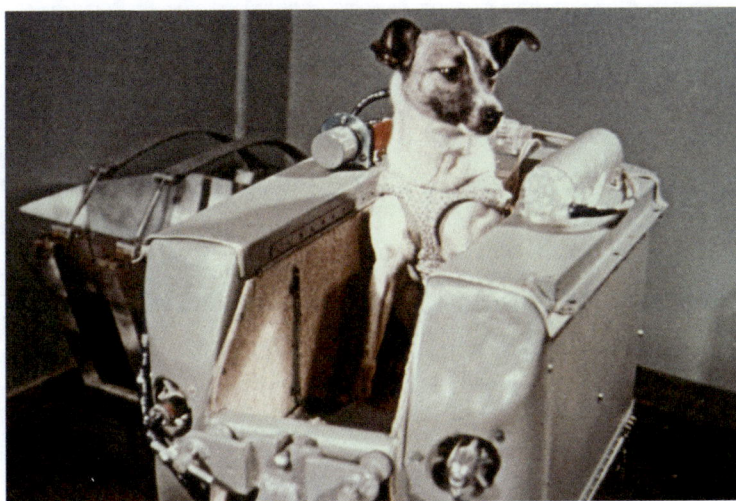

图 2.14 在 Sputnik Ⅱ 卫星内的流浪狗莱卡

2.4.3 "探险者 1 号"

1958 年 1 月 31 日，美国探险者 1 号卫星的成功发射，标志着美国也迈入了航天时代（图 2.15）。

探险者 1 号卫星通过朱诺 1 号运载火箭发射，该火箭的助推器为改良后的"丘比特 -C"。虽然卫星比苏联的"Sputnik I"小得多，只有 13.93 千克，但"探险者 1 号"却

图 2.15 项目组的三位核心成员共同举起了探险者 1 号卫星的模型

通过盖革计数器率先取得了有关空间环境的重要发现，探测到了地球周围后来被称为"范艾伦"的辐射带。

2.4.4 "X-15"飞机

1959—1968 年，X-15 实验飞机飞抵太空边缘（图 2.16）。在 199 次的试飞中，这个喷气推动的火箭飞机打破了多项飞行记录，包括速度记录（7274 千米 / 小时）和高度记录（108 千米）。试飞试验为太空中的姿态控制和再入角的确定提供了重要的参数。第一个登上月球的美国人，尼尔·阿姆斯特朗，就是驾驶"X-15"的十二个飞行员之一。

图 2.16 X-15 实验飞机

由于火箭发动机耗油量太大，"X-15"是从一架 B-52 飞机上升空的。由于任务的不同，火箭发动机仅为"X-15"飞行的前 80～120 秒提供推力。在剩余的 8～12 分钟的飞行中，"X-15"将没有动力，而以 200 英里 / 小时的速度滑翔着陆结束。由于前起落轮没有转向，主起落架使用的是滑块，"X-15"不得不降落在干燥的湖床上。在毗邻爱德华兹和德莱顿的罗杰斯干湖是所有航班的预定着陆点，当然还有事先选定的其他紧急着陆点。

X-15 计划成功取得了许多与驶向太空有关的数据，获得的信息推动了后来水星计划、双子星座计划和阿波罗载人航天计划的发展。

2.4.5　尤里·加加林进入太空

1961 年 4 月 12 日，随着宇航员尤里·加加林进入太空，太空从此成为了人类涉足的新领域（图 2.17）。他的太空飞行之旅历时 108 分钟。在此期间，加加林在他的东方 1 号太空舱内沿地球轨道环绕一周，到达了 315 千米的最大高度。返途中，加加林在 6100 米的高度将自己弹射出舱，使用降落伞安全地空降到地面。

图 2.17　1961 年 4 月 12 日，尤里·加加林进行太空飞行

加加林在 1955 年以优异成绩从工业技术学校毕业，之后应征进入航空学校，开始在奥伦堡航空军事学校学习飞行。1957 年他被推荐至奥尼堡第一契卡洛夫空军飞行员学校，曾独自驾驶米格 -15 战机。1968 年 3 月 27 日，他和另一名飞行员驾驶米格 -15 战机进行例行飞行训练时，因坠机事故意外身亡。

2.4.6　艾伦·谢泼德进行亚轨道飞行

1961 年 5 月 5 日，美国宇航员艾伦·谢泼德，乘坐位于红石火箭顶部的自由 7 号太空舱，从佛罗里达州卡纳维拉尔角升空（图 2.18）。由于火箭没有足够的燃料将太空船送入预设轨道，航天器仅进行了 187 千米（116 英里）高的亚轨道飞行，并于

15 分钟 22 秒后溅落海中。

艾伦·谢泼德，于 1941 年从法拉古海军上将学校毕业，此后加入了美国海军，1947 年正式成为一名飞行员。在其飞行员生涯中，谢泼德的累计飞行时长达 8000 小时，其中约 3700 小时驾驶的是喷气式飞机。

这次飞行对美国有着非常深远的历史意义。正是这次亚轨道飞行，让谢泼德有机会在 1971 年作为指令长参加阿波罗 14 号的登月飞行。

2.4.7　月球火箭

仅仅在艾伦·谢泼德的飞行试验结束几天之后，肯尼迪总统提出了一个挑战——在这个十年里，送一个美国人到月球，然后安全返回。这是一个令人震惊的声明，尽管其中部分计划早已展开——美国航空航天局正致力于可以完成往返绕月飞行的火箭的研究。到了第二年，被命名为土星五号的火箭，高达 110.6 米，这比以前所有的火箭都笨拙。它由三级构成，分别为用于返回舱的小推进装置和一个两级月球着陆器（图 2.19）。

"土星 5 号"为可载人的多级可抛式液态燃料火箭，自 1967 年首飞至今仍保持着最大运载能力火箭的世界纪录，是同时期美国第二强火箭"土星 1B 号"和苏联同时期最强火箭质子 -K 运载能力的 7 倍。

2.4.8　格伦进入地球轨道

1962 年 2 月 20 日，依靠一个强大的导弹，宇航员约翰·格伦成为

图 2.18　1961 年 5 月 5 日，红石火箭从佛罗里达州发射

图 2.19　美国航空航天局（NASA）研发的土星 5 号火箭，以 110.6 米的高度屹立在发射台上

了第一个进入绕地球轨道的美国人（图2.20）。此次飞行获得了与苏联计划等价的评价。搭乘友谊7号飞船升空后，驾驶着水星飞船，格伦在太空中绕地球轨道飞行了三次，总共4小时55分钟。后来一个传感器开关的故障导致了他的提前返回。该传感器显示水星飞船的某处隔热板松了，但后来经过检查确定是传感器出现错误。

图2.20 1962年2月20日，宇航员约翰·格伦搭乘友谊7号飞船进入地球轨道

　　"水星"计划共六次，最后一次是在1963年3月15日，宇航员戈登·库珀在太空中飞行了大约一天半。

2.4.9 准备登月

　　"双子星座"计划紧随"水星"任务之后。其主要任务是研究、发展载人登月的技术和训练宇航员长时间飞行及舱外活动的能力。

　　双子星座飞船被安在泰坦火箭（也译为大力神火箭）的顶部，每次承载两名宇航员。在长达14天的飞行任务中，"双子星座"宇航员率先完成了太空行走以及航天器的交会对接，并对未来登月飞船系统进行了测试评估。1965—1966年期间，"双子星座"计划进行了十次飞行试验，为后续的登月计划提供了相当充分的数据支撑。双子星座飞船完成任务后返回地球溅落在海面的情景见图2.21。

图2.21 双子星座飞船完成任务后返回地球时溅落在海面

其中，泰坦火箭最初被作为洲际导弹，后来在 20 世纪 70 年代将海盗号火星探测飞船和旅行者号探测器送入了太空。

2.4.10 韦纳·冯·布劳恩与美国的太空计划

冯·布劳恩（1912—1977 年），战前德国的火箭项目和 V2 导弹研发的主要领导人之一（图 2.22）。二战结束后，美国人用 300 列车皮（火车的货用车厢）和 13 艘轮船，运走了完整的 100 枚 V2 导弹和设备。更重要的是，他们抢到了头脑人物冯·布劳恩。在美国的庇护之下，身为纳粹战犯的冯·布劳恩最终被免于追究，并在美国开始了新的人生历程。

冯·布劳恩加入了美国国籍。作为美国太空计划的主要领导者，致力于洲际导弹的研发，并且领导发射了"探险者 1 号"。同时，他也是土星 5 号登月火箭的首席建造师和工程师。

他的著作和贡献被迪斯尼以"Tomorrowland"系列电视节目的形式在美国广为传播。

图 2.22　美国太空计划的领导者冯·布劳恩

2.4.11 吉恩·罗登贝瑞与《星际迷航》

吉恩·罗登贝瑞（1921—1991 年），一位杰出的二战轰炸机飞行员和商用航机驾驶员。他在退役后开启了撰写飞行故事的写作生涯，并与电视台合作，把星际飞行的故事搬上了银屏。1966 年，《星际迷航》在美国首播（图 2.23）。

图 2.23　《星际迷航》是一部关于太空探索的科幻电影

"星际迷航"系列电影探索了人类在银河系中航行的一系列科学和社会问题，在当时广受欢迎，以至于第一架试验性的航天飞机就是据此被命名为"Enterprise"。罗登贝瑞是一个富有远见的人，他最初的影视催生了后来几部系列电视剧集和一系列电影，激励了一代太空探索者。

2.4.12 月球上的"一小步……"

美国时间 1969 年 7 月 20 日，美国宇航员尼尔·阿姆斯特朗踏上了月球，这是人类历史上首次踏入另一个世界（图 2.24）。紧随着，埃德温·巴兹·奥尔德林也登上了月球，而第三名宇航员迈克尔·科林斯，留在阿波罗太空舱内。阿波罗 11 号任务一直延伸到 1972 年年底的六次登月计划。

图 2.24 1969 年 7 月 20 日，尼尔·阿姆斯特朗和巴兹·奥尔德林踏上月球表面

宇航员的飞船，即登月舱，会经历一个下降和上升的阶段。在下降阶段，有四条腿和一个强大的火箭发动机为飞船登月做减速运动。返回阶段，飞船着陆器的上部抬离，再利用自身的火箭发动机返回绕月轨道，与阿波罗太空舱对接，返回地球。

2.4.13 太空实验室

完成土星 5 号火箭的第三级改造之后，美国最终于 1973 年推出了首个在地球轨道上运行的太空站，称为太空实验站（图 2.25）。不但更换了原来的发动机和油箱，这个火箭的第三级内部还设置了生活区和实验室，为三名宇航员在太空长期停留服务。同时有太阳能电池板为它提供电力。

图 2.25 1973 年美国首个太空站"太空实验室"（Skylab）

太空实验室从 1973 年开始绕行地球轨道工作，总共进行过三次太空对接，共有 9 位宇航员在这里工作过。1979 年 7 月 11 日，它重返地球，在突入大气圈时开始解体。完成使命后，其剩余残骸像流星般坠落在澳大利亚西部，像一场盛大而壮观的谢幕。

2.4.14 小土星运载火箭

土星 5 号火箭可以将 117900 千克的载荷和 40800 千克的载荷分别送入低地球轨道与月球。但阿波罗登月计划还需要更小的土星运载火箭。土星 IB 火箭高 68 米，需安装在专为土星 5 号火箭设计的发射架上，以确保其与发射结构的摆臂系统兼容（图 2.26）。"土星 IB"承担了一些早期的阿波罗试验任务。它曾将三名宇航员送入太空实验室，将美国宇航员送入太空执行 1975 年的"阿波罗-

图 2.26 68 米高的土星 IB 火箭准备升空

联盟"任务，后来更是将美国和苏联宇航员送入太空轨道。

2.5 轨道器和探测器

2.5.1 深空探测

泰坦火箭（图 2.27），在 1959—2005 年期间共发射 368 次，是一部以洲际导弹为基础研制的大型运载火箭，主要用于"双子星座"任务的发射，广泛应用于发射无人的有效载荷。改进后的泰坦火箭主要用于把重要的航天器送入地球轨道，或是把重要的飞船送到其他行星。除此之外，它也用于发送到达火星、木星、土星、天王星以及海王星的星际科学探测器。飞向火星的"海盗"任务、飞出太阳系的"旅行者"任务和星际空间都在它的应用范围内。

图 2.27 泰坦火箭正从发射台升空

2.5.2 探空火箭

虽然火箭正朝着越来越大、推力越来越强的方向发展，但还是有很多任务需要小型火箭来完成。加拿大设计的 Black Brant（布莱克·布兰特）探空火箭自 1961 年投入使用以来，已经携带如照相机、仪表以及用于微重力实验的实验仪器等小型有效载荷，完成了八百多次飞行任务（见图 2.28）。布莱克·布兰特探空火箭凭借其高可靠性和较低的成本深受研究人员的喜爱。规模最大的多级布莱克·布兰特探空火箭携带的有效载荷

图 2.28 加拿大设计的布莱克·布兰特探空火箭从试验基地升空

约为 100 千克，射高可达 900 千米。

2.5.3　德尔塔火箭家族

美国德尔塔火箭是最通用的商用和军用运载火箭之一。德尔塔系列运载火箭（图 2.29）最初以雷神中程弹道导弹为基础，自 20 世纪 60 年代初开始服役。起初它由麦道公司制造，自 1997 年起转由波音公司制造。

"德尔塔"通过采用多级设计、在火箭下部捆绑大推力助推器等方式，来提升有效载荷能力。其家族发射成功率超过 95%。而数量最多、最成功的型号"德尔塔 7000"系列曾持续服役。之后全新设计的"德尔塔 4 号"本应取代它服役，但"德尔塔 7000"不仅成本更低，而且是美国生产的最可靠的运载火箭。直到 2008 年，美国正式宣布"德尔塔 7000"的生产将终止，"德尔塔 4"才取而代之。

图 2.29　具有多级设计和助推器配置的德尔塔火箭从发射台升空

2.5.4　阿特拉斯火箭

像德尔塔火箭一样，阿特拉斯火箭也有着很长的历史。最初在 20 世纪 50 年代是作为导弹被设计，如今已经发展到了第五代。它曾用于送约翰·格伦和其他三名"水星计划"的宇航员进入太空，并在之后被用于许多商业、科学和军用卫星的发射与星际飞行任务。阿特拉斯 V 型火箭是其系列中最新的一个（图 2.30）。

2.5.5　飞马座 XL 火箭

名如神话里的生物一般，"飞马座（Pegasus）XL"是一种有翼的三级固

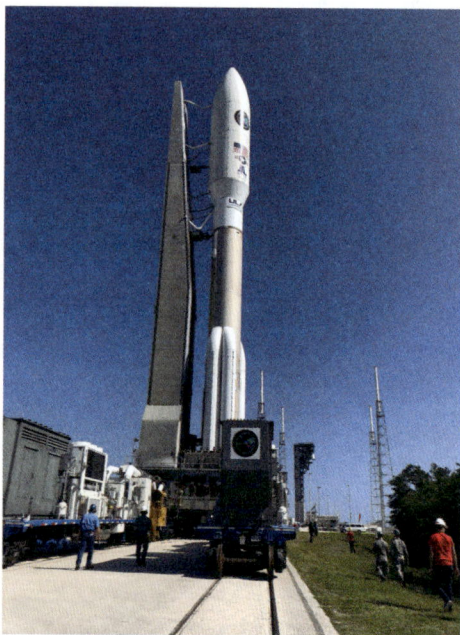

图 2.30　阿特拉斯 V 型火箭

体推进剂火箭，由诺斯罗普·格鲁曼公司制造，可将卫星发射到近地轨道。飞马座 XL 火箭由一架名为"观星者"的 L-1011 喷气式飞机携带升空（图 2.31）。起飞后，飞机会飞到海洋上空约 12000 米的高度，然后释放火箭，这种设计能够大幅降低小轨道运载的成本。在水平位置自由落体 5 秒钟后，飞马座 XL 火箭的第一级点火。由三角形机翼产生的空气动力升力可以在约 10 分钟内将有效载荷送入轨道。

图 2.31 "观星者"L-1011 喷气式飞机携带飞马座 XL 火箭飞行的场景

"飞马座 XL"用于从世界上具备支持和检测设施的跑道处起飞，将 500 千克以下的小卫星，部署到近地轨道。

2.5.6 航天飞机

航天飞机是一种将航天员和有效载荷送入低地球轨道的新概念航天器。它有一个中央外储箱，两个固体火箭助推器和装有翅膀的轨道器环绕在外。其中只有轨道器——也被称作宇宙飞船、飞行器或空间车——真正进入了轨道（图 2.32）。轨道器

图 2.32 航天飞机轨道器（内部载有国际空间站组件等设备）

和固体火箭助推器都被设计为可重复使用的，然而每执行一次任务都需要更换一个新的外储箱。航天飞机内部的有效载荷舱搭载有科学实验室、空间探测器、望远镜或地球传感系统，许多航天飞机的有效载荷还包括国际空间站的组件。在飞行任务的结束阶段，轨道器将重新进入地球大气层，并逐渐滑翔至无动力，最终降落在跑道上。

航天飞机首次飞行发生在 1981 年，在历经了 135 次任务后，于 2011 年完成了它们的最后一次飞行任务。

2.6 航天进入商业的新时代

2.6.1 航天发射系统

美国航空航天局计划将其低轨飞行任务拓展到太阳系，从而产生了对新的、不同类型的火箭的需求。由此诞生的航天发射系统（SLS）将用于执行地球轨道飞行和更远距离的飞行任务，例如前往小行星、火星及其卫星。由此，SLS 火箭将成为历史上推力最大的运载火箭（图 2.33）。目前其开发分为两个阶段。

图 2.33 美国航天发射系统（SLS）火箭

① 利用传统的硬件（以前火箭的部件）制造一个载重火箭。该载重火箭将用于2017—2021 年的研制试验，它能够承载 70 吨的有效载荷，并将携带着猎户座航天器进行两次月球低空探测，其中第二次为载人探测。

② 先进的 SLS 火箭将承载 130 吨有效载荷，包括设备、货物、科学实验仪器以及猎户座飞船。

2.6.2 龙飞船和猎鹰火箭

龙飞船是第一个由民营公司发射并回收的航天飞船（图 2.34）。作为美国航天局的商业轨道运输服务计划下的几个民营竞标项目之一，龙飞船由太空探索技术公司（即 SpaceX 公司）研发。它是一个自主式的宇宙飞船，负责在国际空间站与地球之间来回运输物资和宇航员，并将搭乘同样由 SpaceX 公司制造的猎鹰火箭出入太空。猎鹰火箭是一个能满足不同任务要求的火箭系列，预期能够载重 53000 千克到达低地球轨道，并将有望制造成继美国航天局的 SLS 火箭后推力最大的美国火箭。

图 2.34　龙飞船在轨道中的场景

2.6.3 追梦者号太空飞船

内华达山脉（Sierra Nevada）公司正与美国航天局合作开发一款能够在国际空间站往返运送宇航员和货物的太空飞船。第一眼看上去，这个被叫作"追梦者号"的太空飞船（图 2.35）似乎是一种小型航天飞机，但实际上它确实是一个航空航天器。航空航天器是指拥有极小的机翼或者无翼的、依靠自身形状获得气动升力的飞船。外形如一条船的"追梦者号"将在火箭顶部（取代火箭的前锥体）发射，承载七名宇航员到国际空间站，并且像航天飞机一样返回地球并安全着陆。"追梦者号"被期待着成为一种安全、可靠且经济的新型航天器，用于将宇航员送到低地球轨道。

图 2.35　追梦者号太空飞船

2.6.4　太空旅游

2004 年 10 月 4 日，"太空船一号"（图 2.36），正式成为了首个在 14 天内两次飞到 100 千米（62 英里）以上高度的私人空间飞行器。"太空船一号"借助母船在空中

图 2.36　停放在跑道上的"太空船一号"

发射，越过了公认的地球大气层和宇宙空间的边界。未来，维珍银河航天公司将为游客和研究人员提供亚轨道飞行服务，"太空船二号"将从位于新墨西哥南部的美国太空港发射。在不久的将来，太空飞行将属于全人类。

2.6.5　猎鹰 9 号火箭

猎鹰 9 号火箭（图 2.37）是由 SpaceX 公司设计和制造的一种完全可重复使用的重型运载火箭。"猎鹰 9 号"以星际大战系列中的"千年鹰"和第一级拥有的 9 个发动机而得名。其在 9.5 年的职业生涯中已经发射了 80 次。其中在 2017 年 1 月至 2020 年 1 月这 36 个月内，"猎鹰 9 号"已经成功完成了 52 次发射。

图 2.37　猎鹰 9 号火箭发射场景

自 2017 年以来，SpaceX 平均每月发射"猎鹰 9 号"的次数为 1.4 次，是火箭运营前 6.5 年平均发射次数（每 2.7 个月发射 1 次）的四倍以上。截至目前，"猎鹰 9 号"发射次数已达 100 多次。

2.6.6　中国航天发展史

中国航天事业起始于 1956 年。中国于 1970 年 4 月 24 日发射第一颗人造地球卫星，是继苏联、美国、法国、日本之后世界上第 5 个能独立发射人造卫星的国家。1992 年 9 月 21 日，我国载人航天工程按"三步走"发展战略被批准实施：第一步，发射载人飞船，建成初步配套的试验性载人飞船工程，开展空间应用实验；第二步，突破航天员出舱活动技术、空间飞行器的交会对接技术，发射空间实验室，解决有一定规模的、短期有人照料的空间应用问题；第三步，建造空间站，解决有较大规模的、长期有人照料的空间应用问题。

中国发展航天事业的宗旨是：探索外太空，扩展对地球和宇宙的认识；和平利用外太空，促进人类文明和社会进步，造福全人类；满足经济建设、科技发展、国家安全和社会进步等方面的需求，提高全民科学素质，维护国家权益，增强综合国力。中国发展航天事业贯彻国家科技事业发展的指导方针，即自主创新、重点跨越、支撑发展、引领未来。

图 2.38 用 12 张照片概述了中国航天的发展历程。可搜索"中国大学 MOOC"，观看本书作者的"航天、人文与艺术"视频公开课，只需要花 10 分钟的时间，就可以了解 12 张照片内容，进而了解中国航天的发展历程。

青铜时代

白金时代

黄金时代

图 2.38　中国航天发展历程的三个阶段

第 **3** 章
航天器飞行原理
及轨道知识

　　航天器是怎样实现航天飞行的？本章介绍航天器的飞行原理及轨道相

关知识。

3.1 航天器飞行原理

航天器飞行原理可以用一个简单又有趣的方式来理解，它包括三个关键部分：发射、运行和控制。

（1）发射（像气球飞出去）

当火箭升空时，后面的发动机会喷出大量的燃气，推动火箭向上。这和你放开一个吹鼓的气球时，气体从气球尾巴冲出去，气球就飞起来的原理类似。这叫反作用力——喷出的气体向下，火箭就向上（图3.1）。

图3.1　火箭升空与气球类似，依靠反作用力推动火箭向上

（2）运行：像甩系在绳子上的球

当航天器进入太空后，它会沿着一条轨道绕地球飞行，这种运动方式就像甩一个拴着绳子的球。地球的引力就像那根"看不见的绳子"，不断将航天器拉向地球，防止它飞离（图3.2）。而航天器只有速度足够快，才能保持轨道飞行。如果航天器速度太慢，离心力小于引力，航天器会掉回地球；如果航天器速度太快，离心力足够大，就会摆脱引力束缚，飞向广阔的宇宙深处。

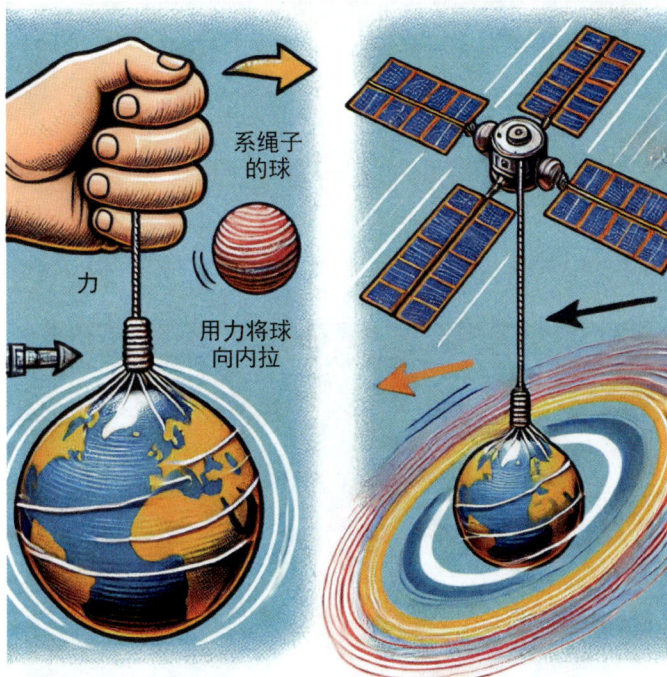

图 3.2 "甩球"可类比地球引力和速度平衡，这就是航天器在轨道运行原理

（3）控制：像遥控小车

在太空中，航天器没有方向盘，但可以用小喷气口（像火箭迷你版）来调整方向。这些喷气口喷出气体，能让航天器转弯、调头，或者调整其飞行姿态，就像遥控小车一样灵活（图 3.3）。

综上所述，航天器飞行的三个关键因素是：火箭喷气推动其升空，速度保持其绕地球运行，以及喷气控制其方向。这就是航天器飞行的基本原理。

图 3.3 图中遥控小车的控制类比航天器通过喷气装置控制方向

其中，"速度"是航天器运行的核心要素。接下来，我们将重点介绍这一部分的知识，其中涉及的理论基础与高中物理知识密切相关。

3.2　太空飞行与大气层内飞行的区别

飞行器在大气层内和大气层外飞行时主要有三个方面的不同（图3.4）。

图3.4　太空飞行与大气层内飞行

① 在大气层内飞行的飞行器它的速度与飞行路线以及飞行高度没有直接的关系，如几架飞机可以以不同的速度飞在同一飞行路径上。而卫星的轨道和它的飞行速度是严格相关的，比如，对于圆轨道来说，在相同轨道高度上的卫星一定具有相同的飞行速度；而轨道高度不同的卫星，其飞行速度一定不同。这种高度和速度的关系将严格地限制太空飞行器的行为。

② 在大气层内飞行的飞行器不但需要借助空气使其飘浮在空中，同时还需要借助空气来做机动飞行。就如同船在水中行驶，利用桨和舵划水进行机动一样，在大气层内飞行的飞行器通过翼和舵反推空气来改变方向。而在太空中，高真空的环境使这一切就变得不可能了，所以卫星必须用小发动机来做机动。

③ 空气的阻力会持续降低在大气层内飞行器的飞行速度，因此在大气层内飞行的飞行器必须保持连续的动力来维持飞行，但太空中的卫星飞行的情况却不同。为

把卫星送入轨道，我们需要用到火箭推进器，而一旦卫星进入其环绕地球的轨道，它就不再需要发动机来提供动力了。例如，月球就是一个天然的绕地球旋转的卫星，它就可以持续地绕地球运动而不需要任何的动力来源。

3.3　航天器轨道与开普勒定律

航天器在空间航行的轨迹称为轨道，航天器由运载火箭发射升空到完成全部飞行任务返回的整个过程，通常包括发射入轨段、在轨运行段和返回再入段，相应的有发射轨道、运行轨道和返回轨道。航天器在轨道运行段完成航天飞机的全部飞行任务，在轨道运行段飞行的航天器，绝大部分时间是在地球引力的作用下的无动力惯性飞行，因此在本质上它与自然天体的运动一致，因此研究航天器的运动可采用天体力学的方法。

几个世纪以来，天文观测者一直面临着如何解释天体运动的挑战。亚里士多德认为圆周运动是唯一合乎自然的完美运动，因此天体必定做圆周运动。德国天文学家开普勒根据丹麦天文学家第谷·布拉赫多年观测积累的资料，发现这种理论与观察存在着差异，通过大量的理论计算与归纳总结，于 17 世纪初先后归纳提出了具有划时代意义的开普勒（Kepler）三大定律（图 3.5）。

图 3.5　天文观测史的发展

第一定律（椭圆定律）：所有行星绕太阳的运行轨道都是椭圆，而太阳则位于椭圆的一个焦点上。

第二定律（面积定律）：在相等的时间内，行星与太阳的连线所扫过的面积相等。

第三定律（调和定律）：行星运动周期的平方与行星至太阳的平均距离的立方成正比，即行星公转的周期只和半长轴有关。

开普勒三大定律描述了行星运动所遵循的规律，该定律同时也适用于航天器绕地球的运动，因此至今仍被广大天文工作者及从事航天事业的科技人员所用。

如果把卫星看作行星，地球看作太阳，那么开普勒定律也适用于卫星运动，因而有以下的运动规律（图3.6）。

图3.6 卫星围绕地球的椭圆轨道运动，遵循开普勒定律

① 卫星的运行轨道是个椭圆（圆轨道是椭圆轨道的特例），地球在它的一个焦点上。不论向哪个方向发射卫星，卫星轨道一定通过赤道，轨道面通过地心。

② 卫星和地心连线在同一时间内扫过的面积相等。也就是说，卫星的速度在近地点处最大，在远地点处最小。

③ 卫星运行的周期只和半长轴有关。只要半长轴相等，周期也相同。

3.4 轨道基础

这一节简要地讨论卫星轨道的物理意义，并概述轨道力学的关键概念，这些关键概念定义了卫星在轨道上的特性。其中包括轨道速度、轨道周期和轨道倾角。

通常，卫星轨道都是椭圆的。在讨论椭圆轨道之前先讨论比较特殊的圆轨道，因为圆轨道便于理解，而且被应用在很多方面。

3.4.1 航天器圆周轨道

一个在圆轨道上运行或飞行的卫星，它的轨道速度和轨道高度之间是有严格关系的。用火箭发射卫星的作用就是在适当的地点，用合适的速度大小和运动方向把卫星释放出去，以使卫星进入特定的轨道。

卫星的运动可以看作是产生离心力来抵抗重力。例如，将一个物体绑在绳子的一端并做圆周运动，物体就会向外反向拉绳子，圆周运动越快，离心力就越大。在一个特定的速度，卫星环绕地球运动的离心力等于卫星的重力，卫星就将被固定在相应的轨道上运行。

卫星距离地球越远，地心的引力就越小，因此距离越远，要平衡重力所需的离心力就越小，所以卫星的轨道越高，它的轨道速度就越小。

对于卫星在圆轨道飞行的情况，图 3.7 给出了不同的轨道高度所对应的轨道速度。通过图中曲线可以看出，卫星环绕地球运行所需的速度是非常大的：卫星在低轨（小于 1000 千米）的速度达到了 8 千米/秒左右，这个速度大约是大型喷气客机速度的 30 倍。

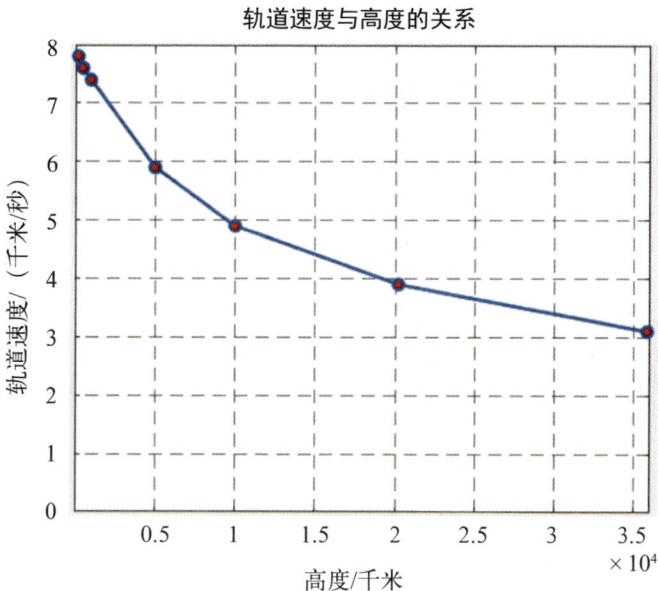

图 3.7 在圆轨道上的卫星速度与轨道高度的数学关系曲线

需要注意到的是，卫星在轨道上运行的速度与卫星的质量无关，这是理解太空飞行问题的一个基本原则。这就意味着，不同质量和体积的卫星，如果它们的速度相同，它们就会运行在相同高度的轨道上。

正如上面所提到的，一旦卫星被运载火箭加速到轨道速度，那么它就不再需要推力装置来维持它在轨道上的运行，这遵循的是牛顿第一运动定律，也就是在没有摩擦力和空气阻力的情况下，物体的运动性质不会发生改变。这就是说，卫星一旦被运载火箭加速运动起来，卫星就会保持运动，而地球的重力将把它的运动轨迹从直线弯曲为围绕着地球飞行的圆轨道。

因此，卫星无须携带大量的燃料，也能在轨道上运行相当长的时间。同时，一旦进入轨道，不管是运载火箭推进器、释放卫星时带出的铆钉，或者其他残骸碎片，本质上都有可能留在轨道上。这也是太空垃圾问题的本质，一旦太空垃圾进入轨道，它就将持续在这一轨道上飞行，因此太空垃圾的数量就会越积累越多。今天，我们还无法大范围地清除太空垃圾，这就使得太空中某些区域的太空垃圾会多到影响卫星的正常飞行。

3.4.2　卫星轨道周期

另外一个描述卫星轨道的重要参数就是卫星围绕地球飞行一周所花费的时间，这个时间就是轨道周期。由于随着轨道高度的增加，卫星不仅速度降低，而且每圈运行的距离也越大，因此轨道周期随轨道高度的增加而增加。

图 3.8 给出了不同圆轨道的轨道高度所对应的轨道周期。低轨道卫星（小于1000 千米）的轨道周期大约为 90 分钟。

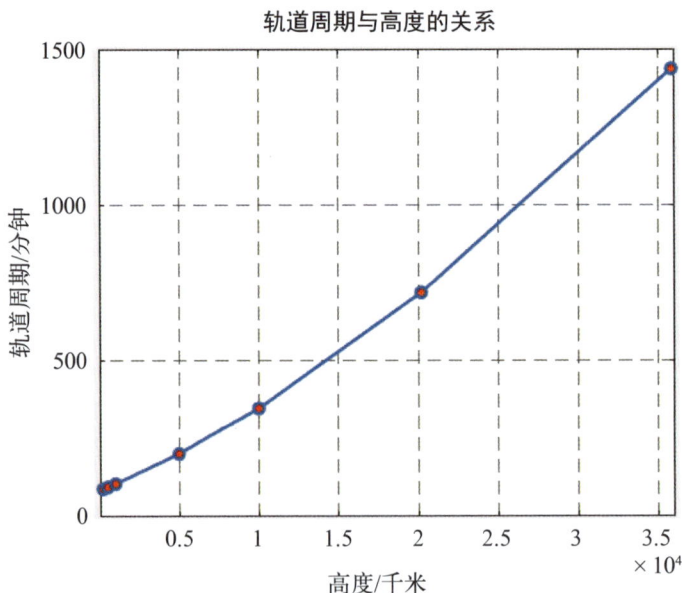

图 3.8　在圆轨道上的卫星运行周期与轨道高度的关系曲线

卫星在 35786 千米高度轨道飞行时的轨道周期为一天，与地球自转的时间相同，这种轨道称为地球同步轨道。位于赤道上的地球同步轨道卫星的特点是，它始终与地球保持相对静止。这在后面将详细介绍，地球同步轨道有相当重要的作用。

3.4.3　轨道平面倾角

卫星的轨道始终处在一个平面中，这个平面必定是通过地心的。描述卫星轨道就需要指定这个轨道平面的倾角。当轨道平面包括地球赤道时，这种轨道称为赤道轨道。一般的轨道平面都和地球赤道平面呈一定的角度，这个角就是轨道倾角（如图 3.9 所示）。

当轨道倾角是 90° 的时候，轨道平面将包含地球的地轴，卫星会通过地球的两极上方，这样的轨道称为极轨道。

轨道倾角决定了卫星所能扫过的地球的区域。卫星垂直扫过地球表面的路径称为星下点轨迹。图 3.9 表明，一个轨道倾角接近零度的卫星仅通过地球上一个赤道附近的狭窄带状区域。因此，一个轨道倾角接

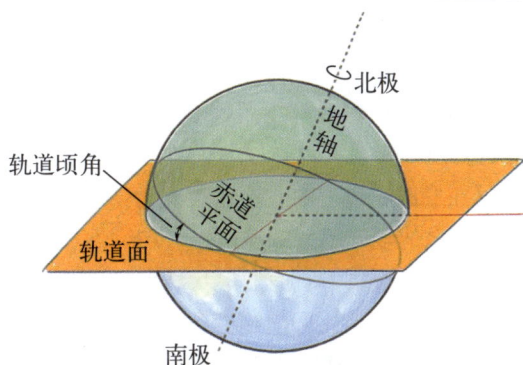

图 3.9　轨道倾角物理意义

近零度的卫星是不能用来观测极地以及极地通信的。总的来说，图 3.9 表明一个轨道倾角为 θ 的卫星是不可能扫过纬度大于 θ 的地球上的区域的。

从纬度为 θ 的发射场发射的卫星能进入轨道倾角大于或者等于 θ 的轨道，却不能进入轨道倾角小于 θ 的轨道。因此，不在赤道上的发射场不能直接把卫星送入赤道轨道。卫星在入轨时为了改变它的轨道倾角就必须进行机动，这就需要用到推进器。

3.5　椭圆轨道

一般来说，大多数卫星轨道是椭圆。椭圆是由所有到两个焦点的距离之和为常数的点组成的集合。因此，圆就是两个焦点重合为一点的椭圆。根据开普勒定律，地球总是位于卫星椭圆轨道的一个焦点上（如图 3.10 所示）。

通过椭圆两个焦点的直线所得的弦称为长轴，垂直平分两焦点连线所得的弦，称为短轴（如图 3.11 所示）。

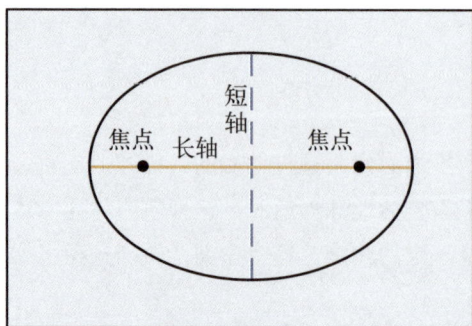

图 3.10 地球位于椭圆轨道的一个焦点上

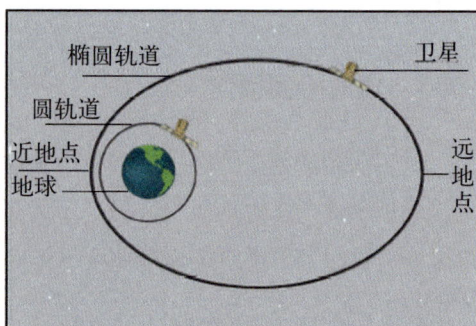

图 3.11 在椭圆轨道上卫星运行的示意图

椭圆对圆的偏离程度用偏心率来描述的。椭圆轨道上卫星最靠近地球的点称为轨道近地点，最远的点则称为远地点。近地点和远地点位于长轴的两个顶点上。

处在椭圆轨道上的卫星在距离地球近的时候运行的速度快（在近地点附近），而在远离地球的地方运行的速度慢（在远地点附近）。卫星在给定点上的速度不但取决于它的高度还取决于轨道的形状（尤其是长轴的长度）。椭圆轨道的卫星，它在给定高度点的速度既能比圆轨道卫星在相同高度的速度大，也能比圆轨道卫星在相同高度的速度小，这些都取决于椭圆的形状。

轨道周期由长轴的长度决定，轨道周期会随着长轴长度的增加而增加。椭圆轨道的轨道周期也可以与地球自转周期相同，但由于卫星的轨道速度随时间变化而变化，所以它又不是真正的与地球同步。

3.6 轨道六根数

一般情况下，针对限制条件下的两体问题，可以建立一个航天器轨道运动学方程，用严格的数学方程描述航天器如何在空间中运动（可参考本书 3.8 的内容）。但是，在很多情况下，仅仅用数学方法描述航天器在惯性空间中的位置和速度是不够的。通常，借助轨道根数和星下点轨迹，可以帮助人们"看到"航天器的运动，一旦有了星下点轨迹，人们就可以借助轨道根数，来想象和勾画航天器轨道形状。

400 年前，开普勒发明了一种描述轨道的方法，使人们能够对它们的大小、形状和方向，以及航天器在其中的位置进行可视化描述。因为需要 6 个量来描述轨道和航天器在空间的位置，开普勒定义了 6 个轨道根数，被人们称为轨道六根数。

① 轨道尺寸：半长轴　半长轴描述了轨道长轴长度的一半，称其为第一个根数。

② 轨道形状：偏心率　离心率是通过计算两个焦点之间的距离与主轴长度的比率来描述轨道的形状。

③ 轨道平面在空间中的方向：倾角和升交点赤径　倾角是描述轨道平面相对于基面（赤道平面）的倾斜程度，利用倾角可以定义几种不同类型的轨道。第四个轨道根数也是一个"角度"，称为升交点赤经 Ω，它是用来描述相对于轨道主方向的方向。

④ 轨道在平面内的方向：近地点幅角。

⑤ 航天器在轨道中的位置：真近点角　真近点角 ν 为近地点到航天器位置矢量沿轨道路径的夹角，它的取值范围是 $0° < \nu \leq 360°$。真近点角 ν 告诉我们航天器在其轨道上的位置，而且在轨道六根数中，只有真近点角 ν 是随着航天器在其轨道中运动和变化。

考虑轨道尺寸，还应该知道轨道形状。描述了圆锥截面的"非圆度"，即它的离心率。

离心率是通过计算两个焦点之间的距离与主轴长度的比率来描述轨道的形状（图 3.12 所示）。

$$e = -\frac{2c}{2a} \tag{3-1}$$

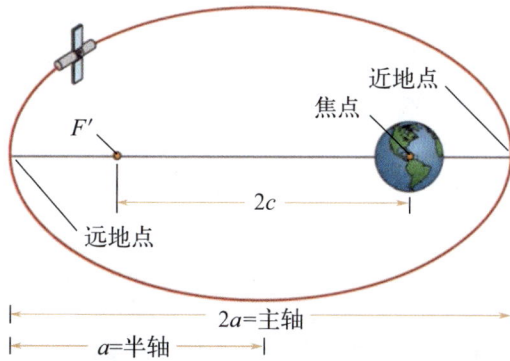

图 3.12　半长轴 a 是椭圆长轴的一半，椭圆的焦点（F 和 F'）之间的距离是 $2c$

所以，轨道形状与离心率之间的关系如表 3.1 所示。

表 3.1　轨道形状与离心率之间的关系

圆锥曲线类别	离心率	圆锥曲线类别	离心率
圆	$e=0$	抛物线	$e=1$
椭圆	$0<e<1$	双曲线	$e>1$

已经知道了描述轨道的两根数：轨道尺寸 a 和轨道形状 e。现在讨论轨道在空间中的方向。因为，角动量是恒定的，轨道平面在惯性空间是静止的。为了描述其方向，这里的参考惯性坐标系采用"地心 - 赤道坐标系"，如图 3.13 所示。（在这里，描述向量之间的角度用点积，然后角度转为弧度。）描述轨道相对于坐标系的方向的角度称为倾角。

倾角是描述轨道平面相对于基面（赤道平面）的倾斜程度，也可以把这个倾斜描述为两个平面之间的夹角，但这在数学上很难表述。所以，可以将倾角定义为两个向量之间的夹角：一个垂直于轨道平面（角动量向量 $\vec{h}$），另一个垂直于基本平面 $\hat{K}$，如图 3.14 所示，倾角范围为 $0° \sim 180°$。

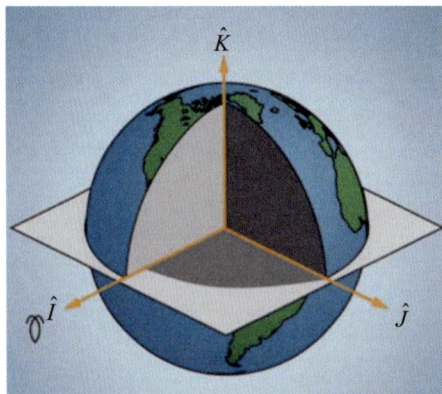

图 3.13　地心 - 赤道坐标系　　　　图 3.14　轨道倾角

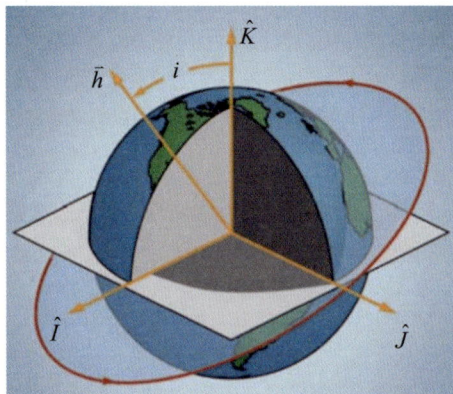

利用倾角可以定义几种不同类型的轨道（见表 3.2），例如，倾角为 $0°$ 或 $180°$ 的轨道是赤道轨道，因为这时航天器总是在赤道上空。对于倾角为 $90°$ 的轨道，称为极轨道，因为航天器穿越北极和南极。还可以利用轨道倾角的值，区分两类主要的轨道，如果 $0° \leqslant i < 90°$，则航天器随地球自转（自西向东）运动，且航天器处于直接轨道或进动轨道。如果 $90° \leqslant i < 180°$，航天器正从地球自转（自东向西）相反运动，此时此航天器处于间接轨道或逆行轨道。

所以，轨道倾角为航天器轨道的第三个根数，它是指轨道面相对于基本面的倾斜程度，也可以理解为轨道相对于赤道的方向。

第四个轨道根数也是一个"角度"，称为升交点赤经 Ω，它是用来描述相对于轨道主方向的方向。这个术语听起来很复杂，所以需要把这个术语分成两个方面介绍。首先，什么是"赤经"？它与经度相似，只是它的参考点是春分点，而且它不会随着地球旋转而旋转。所以，升交点的赤经是沿着赤道测量的一个角度，从 $\hat{I}$ 方向开始（显然，在坐标系定义中，定义了 $\hat{I}$ 指向春分点）。

现在，再来看看这个术语的名字的另一部分，"升交点"（或任何类型的节点）？正如刚才所描述的，轨道面相对于基本面（除非 $i=0°$ 或 $180°$）正常地倾斜。从平面几何中，你可能还记得两个平面相交会形成了一条直线。在这个例子中，轨道平面和基本平面的交点就是节点的连线，轨道穿过赤道平面的两点是节点。航天器从赤道的下方（南半球）到赤道的上方（北半球）的节点就是升交点（如图 3.15 所示）。同样，当航天器越过赤道向南飞行时，将穿越下降节点。

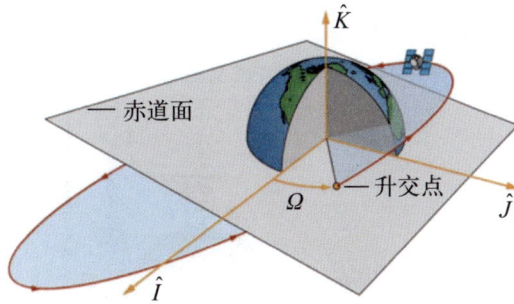

图 3.15 升交点和升交点赤经 Ω

表 3.2 轨道类型和倾角

倾角	轨道类型	示意图
0°或者 180°	赤道轨道	
90°	极地轨道	$i=90°$
0°≤i<90°	顺行轨道	升交点
90°<i≤180°	逆行轨道	升交点

现在让我们把"升交点"和"赤经"放在一起。升交点赤经描述了轨道平面相对于主方向的方向。也就是说，轨道平面在空间中是如何旋转的呢？使用春分点方向，也就是 $\hat{I}$（惯性参考）作为起点，沿着赤道向东测量到升交点。因此，升交点赤经 Ω 是从主方向到升交点的角度。它就像一个天体地图参照物，给出轨道的旋转，

帮助人们更好地了解航天器在空间中的方位。现在已经介绍了轨道六根数中的 4 个根数了。

让我们简单说明一下我们身在何处。我们现在知道轨道大小 a，轨道形状 e，轨道倾斜 i，以及轨道旋转方向角 Ω。但我们不知道轨道在平面内是如何定向的。例如，对于一个椭圆轨道，需要知道近地点（距离地球最近的点）是位于北半球还是南半球。因此，第 5 个轨道根数，就是沿轨道路径的升交点与近地点的夹角，并称之为近地点幅角 ω（如图 3.16）。为了消除歧义，规定在航天器运动方向上测量这个角度。

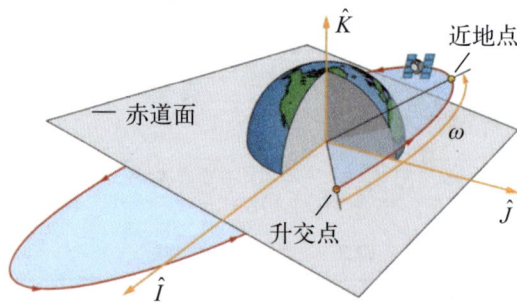

图 3.16 近地点幅角描述了航天器在其轨道平面内的运动方向
（升交点与近地点之间的夹角 ω）

在指定了轨道的大小和形状，以及它的方向（倾斜和旋转）之后，需要找到航天器在轨道中的位置，所以，可以用真近点角来确定这一点。真近点角 ν 为近地点到航天器位置矢量沿轨道路径的夹角（如图 3.17），它的取值范围是 $0° < \nu \leqslant 360°$。

真近点角 ν 告诉我们航天器在其轨道上的位置，而且在轨道六根数中，只有真近点角 ν 是随着航天器在其轨道中运动和变化。

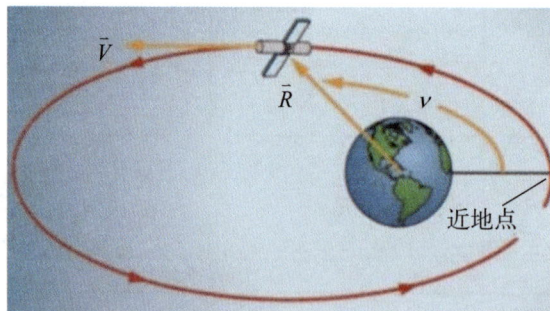

图 3.17 真近地点角 ν 指定了航天器在轨道内的位置

现在我们大致理解了航天器轨道六根数的名称、符合、含义，以及取值范围，表 3.3 是对航天器轨道六根数的总结。

表 3.3　轨道六根数

根数符号	名称	含义	取值范围	特殊情况
a	半长轴	轨道大小	取决于曲线	无
e	偏心率	轨道形状	$e=0$：圆轨道 $0<e<1$：椭圆轨道	无
i	倾角	指参考平面和另一个平面或轴的方向之间的夹角	$0°\leq i\leq 180°$	无
Ω	升交点赤经	卫星轨道的升交点与春分点之间的角距	$0°\leq\Omega<360°$	当轨道倾角 $i=0°$ 或 $180°$ 时（赤道轨道）
ω	近地点幅角	轨道近地点与升交点之间，对地心的张角	$0°\leq\omega<360°$	当轨道倾角 $i=0°$ 或 $180°$ 时 当偏心率等于 0 时
ν	真近点角	某一时刻轨道近地点到卫星位置矢量的夹角	$0°\leq\nu<360°$	当偏心率等于 $0°$（圆形轨道）

3.7　图解航天器星下点轨迹知识

轨道六根数可以使航天器空间轨道可视化。现在回到地球，观察航天器在地面的投影轨迹，也称星下点轨迹。所以，航天器的星下点轨迹是航天器空间轨迹映射到地球表面的投影。

在很多情况下，人们需要知道航天器在某一时间经过地球的哪个区域。例如，遥感卫星必须在精确的位置上才能获得所需的覆盖范围。通过观察航天器在地球上的星下点轨迹，可以了解航天器的任务。

航天器在轨道上以 40000 多千米每小时的速度围绕地球运行，而地球本身又围绕自转轴自转，在赤道点位上的线速度为 1600 多千米每小时，如图 3.18 所示。

那么，图 3.18 所示的卫星星下点轨迹是什么样子的？为了简化问题，假设地球不自转，卫星沿

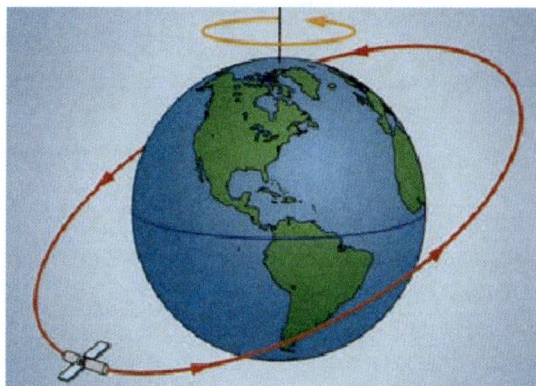

图 3.18　地球与航天器的几何关系

着空间轨道运动就会在地球表面画一条轨迹，地面轨迹遵循一条绕地球的大圆路径，这个大圆是任何"穿过"球心的圆。例如，经度线是大圆，因为它们切过地球中心，而纬度线不是大圆（除赤道外）。卫星轨道星下点轨迹必须是一个大圆，因为航天器在绕地球中心的轨道上；因此，轨道平面也穿过地球的中心。

当我们将地球延伸到一个平面地图投影（称为墨卡托投影）时，星下点轨迹看起来有点不同。为了直观地观察这种扁平化对轨迹形状的影响，将地球想象成易拉罐。易拉罐上的轨迹如图 3.19 所示。它看起来像一个圆圈，穿过罐子的中心。但是如果把罐子拉平，再看看卫星轨道的星下点轨迹，它看起来像一个正弦波。

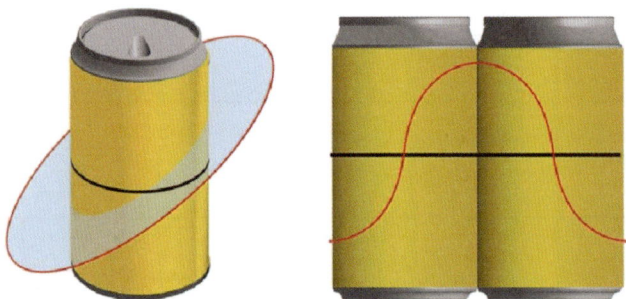

图 3.19 绕易拉罐星下点轨迹

现在想象一下，在地面上看着航天器从头顶经过，由于假设地球停止自转，地面星下点轨迹将始终保持不变，航天器在轨道上将一次又一次从头顶经过，如图 3.20 所示，即使我们改变了轨道大小和形状，星下点轨迹看起来也应该是一样的。

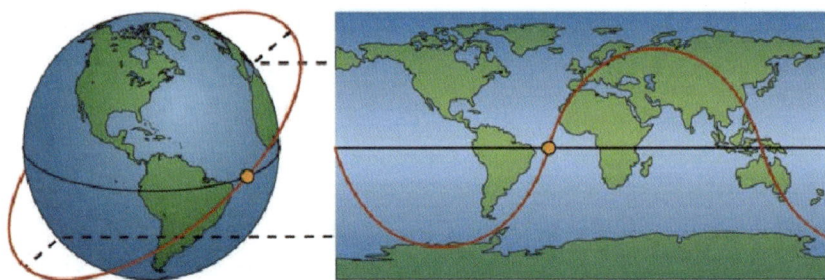

图 3.20 地球不自转的星下点轨迹

现在，假设地球开始自转了，这时又会发生什么呢？航天器在一条空间轨道上通过头顶，但似乎在下一个圈星下点轨迹在你西侧。这怎么可能呢？由于在惯性空间中轨道平面是不可移动的，所以航天器保持在同一轨道上。但你固定在地球上，当地球向东旋转时，你就离开了卫星轨道的原来投影点位，看起来像是航天器在移动，如图 3.21 所示，所以，随着时间的不同，每条星下点轨迹都比前一条星下点轨迹在地球上向西移动。

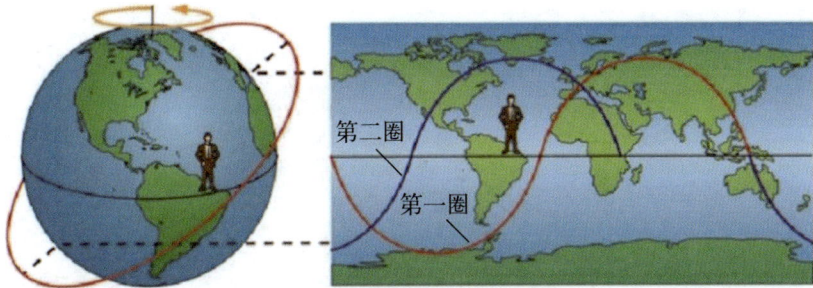

图 3.21 一条正常的星下点轨迹

由于地球以每小时约 15°，或每分钟 0.25°的固定速率旋转，可以用这个旋转作为"时钟"来告诉人们卫星轨道的周期。通过测量轨道的星下点轨迹从一条星下点轨迹向西移动到下一条星下点轨迹，建立一个新的参数，称为节点位移 ΔN。测量沿着赤道从上一个节点到下一个节点的 ΔN，并将其定义为航天器运动方向上的正值。因此，一个星下点轨迹向西的节点位移是 360°和 ΔN 的差值。

假设一个轨道的周期是 2 小时。地球在卫星一圈轨道旋转过程中会旋转 30°（2 小时 ×15°/ 小时），产生 330°（360°–30°）的节点位移。对于 ΔN，周期计算为：

$$周期 = \frac{360° - \Delta N}{15°} \tag{3-2}$$

注：该方程仅适用于周期小于 24 小时的直接轨道。对于其他轨道，只是概念适用，但方程发生变化。这里只考虑周期小于 24 小时的直接轨道星下点轨迹，因此这个等式就足够了。如果我们可以确定周期，我们也可以利用轨道的半长轴通过式（3-3）计算周期：

$$P = 2\pi\sqrt{\frac{a^3}{\mu}} \tag{3-3}$$

此外，还可以通过 ΔN，可以计算周期，进而计算半长轴。

随着航天器轨道尺寸的增大，半长轴变大，因此 ΔN 变小，地面轨道似乎压缩或挤压在一起。回想一下，我们将地球同步轨道定义为一个周期约为 24 小时的轨道。对于这样的轨道，ΔN 为 0°。这意味着航天器的周期与地球的旋转周期相匹配。因此，轨道似乎回溯到自身，呈"8"字形，如图 3.22 中轨道 D 所示。如果轨道位于赤道平面，地面轨道将只是赤道上的一点，类似于图中的轨道 E。一个周期为 24 小时、倾角为 0°的航天器处于地球静止轨道。这个名称意味着航天器在地球观测者看来是静止的，这使得这些轨道对通信卫星非常有用。一旦将接收天线指向卫星，就不必随地球旋转时移动天线。

除了利用地面星下点轨迹确定航天器轨道的半长轴外，还可以找到航天器轨道倾角。想象一个在 50°倾斜轨道上的航天器。从对倾角的定义，我们知道在这种

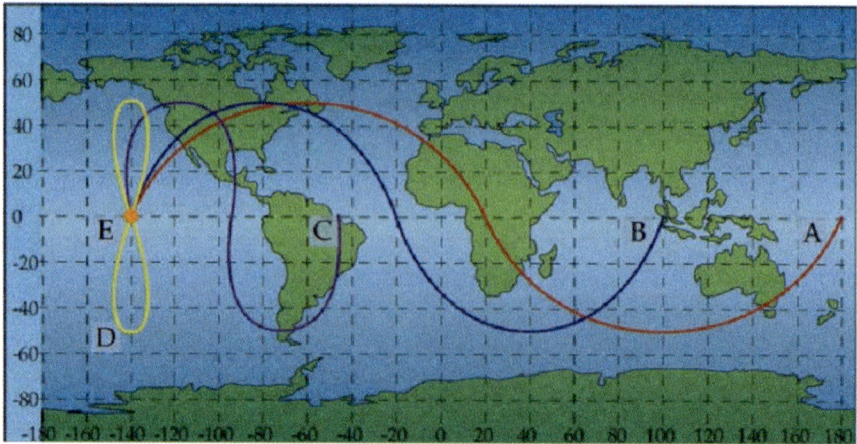

图 3.22 不同轨道星下点轨迹

情况下赤道面和轨道面之间的夹角是 50°。航天器将直接经过的最高纬度是什么？50°？任何航天器经过的最高纬度等于它的倾角，现在来分析一下，看看为什么？

纬度是以地球为中心的角度，从赤道以北或以南测量到有关点。但是航天器轨道面也穿过地球的中心，而它与赤道平面形成的夹角就是它的倾角，如图 3.23 所示。因此，对于直接（顺行）轨道，当航天器到达其最北点时，其正下方的地球上的点位于等于轨道倾角的纬度线上。

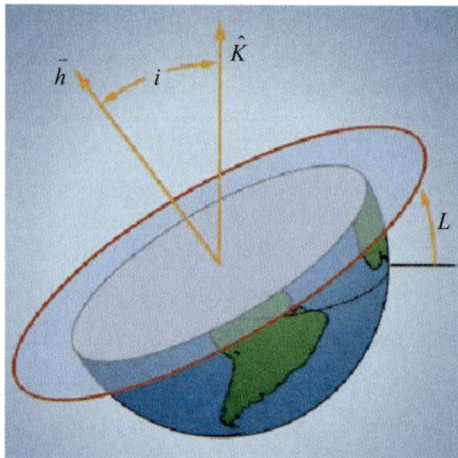

图 3.23 倾角等于最高纬度

如此一来，我们就可以利用星下点轨迹来求解航天器的轨道倾角：

对于直接轨道（$0° < i < 90°$），我们在星下点轨迹上找到最北或最南点，并读取其纬度。这个最高纬度就等于轨道倾角。

对于逆行轨道（$90° < i < 180°$），我们可以从 $180°$ 减去最大纬度得到轨道倾角。

航天器任务所需的地球覆盖范围影响着我们如何选择轨道倾角。例如，如果一个遥感卫星需要在飞行任务期间查看整个地球表面，它需要大约 90° 的近极地倾角。在图 3.24 中，我们看到几个航天器星下点轨迹具有相同的周期，但倾角不同。

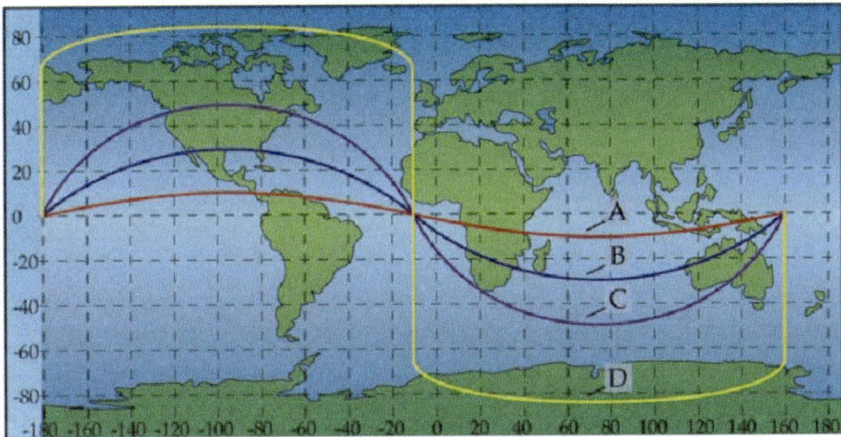

图 3.24 改变倾角

到目前为止，我们只观察了圆轨道。现在让我们来看看离心率和近地点的位置如何影响星下点轨迹的形状。如果轨道是圆的，它的星下点轨迹是对称的。如果轨道是椭圆的，那么它的星下点轨迹是不对称的。也就是说，它不会在赤道上方和下方看起来一样。航天器在近地点移动最快，所以它沿着它的路径行驶最远，使星下点轨迹看起来向外扩展。但是，在远地点附近它的移动速度更慢，所以星下点轨迹更陡峭。图 3.25 中的两条星下点轨迹中展示了这种效应。轨道 A 在北半球有近地点；轨道 B 在南半球有近地点。

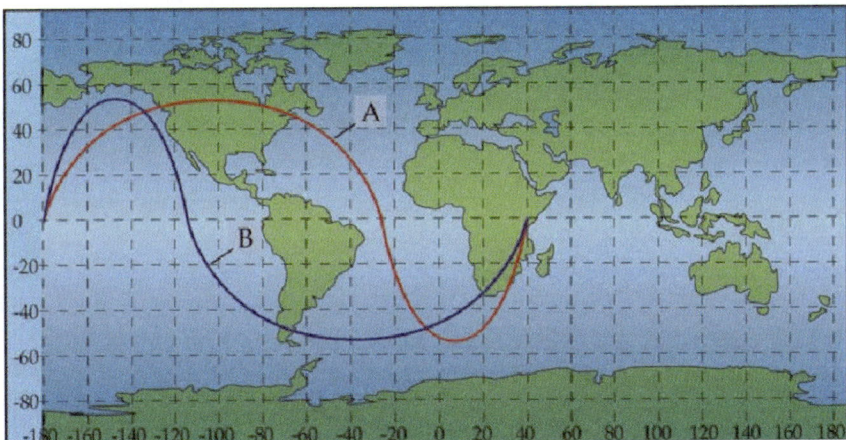

图 3.25 改变近地点位置

3.8　卫星轨道的数学模型 *

3.8.1　卫星圆轨道的数学模型

对于一个处在高度 h，以速度 V 运行在圆轨道上的卫星，其离心力等于卫星所受的重力

$$\frac{mV^2}{(R_e+h)}=\frac{GmM_e}{(R_e+h)^2} \tag{3-4}$$

式中，m 为卫星质量；G 为重力常数；M_e 为地球的质量（GM_e=3.99e14m^3/s^2）；R_e 为地球的平均半径（6370 千米）。

因此卫星的速度和它高度的关系就可以通过公式来表述为

$$V=\sqrt{\frac{GM_e}{R_e+h}} \tag{3-5}$$

用 r 来表示卫星到地心的距离，因此

$$r=R_e+h \tag{3-6}$$

于是，由式（3-5）和式（3-6）得

$$V=\sqrt{\frac{GM_e}{r}} \tag{3-7}$$

值得注意的是，卫星的质量并不出现在式（3-5）或式（3-6）中。

轨道周期可以用卫星围绕地球运行一圈所经过的距离（在本例中，就是一个以 R_e+h 为半径的圆周）除以卫星的速度［由式（3-5）给出］来计算。则圆轨道的轨道周期可由下式给出

$$P_{\text{circ}}=2\pi\sqrt{\frac{(R_e+h)^3}{GM_e}}=2\pi\sqrt{\frac{r^3}{GM_e}} \tag{3-8}$$

3.8.2　椭圆轨道

卫星椭圆轨道有两个焦点，地球位于其中一个焦点上。

在椭圆轨道中，长轴长度标记为 $2a$，短轴长度标记为 $2b$。两个焦点之间的距离称为 $2c$。这些量之间的关系是

$$a^2=b^2+c^2 \tag{3-9}$$

---

* 3.8 和 3.9 为拓展内容。

轨道近地点为卫星距离地球最近的点；从近地点到地球地心的距离称为 r_p。类似的，轨道远地点就是卫星距离地球最远的点，从远地点到地球地心的距离称为 r_a。通过图 3.26 所示的几何关系可以得到

$$r_a + r_p = 2a, \quad r_a - r_p = 2c \qquad (3\text{-}10)$$

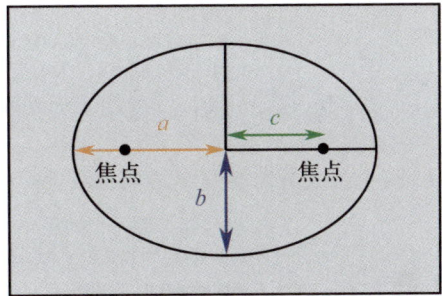

图 3.26 椭圆轨道的几何关系示意图

既然 $a = (r_a + r_p)/2$，那么，a 就可以认为是轨道到地心的距离。

椭圆对圆的偏离程度可以用离心率 e 来表示，它的范围从零（对应于圆）到 1（对应于一个无限扁的椭圆）。离心率是到焦点之间距离的比值，表示如下：

$$e = \frac{c}{a} = \sqrt{1 - \frac{b^2}{a^2}} \qquad (3\text{-}11)$$

或

$$e = \frac{r_a - r_p}{r_a + r_p} \qquad (3\text{-}12)$$

由于大多数卫星的轨道是椭圆，所以就可以用卫星"高度"这个名词。例如，一个近地点为 500 千米、远地点为 800 千米的轨道，$r_p = (r_e + h_p)$ 和 $r_a = (r_e + h_a)$ 的差别大约仅为 4%，偏心率仅为 0.02。

于是可以得到

$$r_a = a(1 + e), \quad r_p = a(1 - e) \qquad (3\text{-}13)$$

根据角动量守恒定律要求 $r_a V_a = r_p V_p$，这里 V_a 和 V_p 分别是卫星在远地点的速度和在近地点的速度。于是得到：

$$\frac{r_a}{r_p} = \frac{V_p}{V_a} = \frac{1 + e}{1 - e} \qquad (3\text{-}14)$$

卫星在椭圆轨道上某点的速度取决于这一点的高度 h，则由下式给出

$$V = \sqrt{GM_e \left(\frac{2}{R_e + h} - \frac{1}{a} \right)} = \sqrt{GM_e \left(\frac{2}{r} - \frac{1}{a} \right)} \qquad (3\text{-}15)$$

这个公式可以简化成式（3-5）对于圆轨道的公式，在圆轨道中，$a = R_e + h$（轨道半径）。

式（3-15）表明，卫星在椭圆轨道上距离地球近的时候（近地点附近）运动得快，而在距离地球远的时候（远地点附近）运动得慢。早在 1600 年，开普勒就提出，卫星在轨道上运行时，卫星和地心的连线在相同的时间扫过的面积是相等的。这一特性是由动量守恒定律决定的。

椭圆轨道的轨道周期为

$$P = 2\pi\sqrt{\frac{a^3}{GM_e}} \tag{3-16}$$

这个公式是由椭圆半长轴 a 取代式（3-8）中的圆轨道半径 $r=R_e+h$ 得到的。

3.9 轨道计算案例 *

现在，你也许想知道轨道六根数怎样应用，这里通过一个例子说明如何通过轨道六根数计算轨道，看看它们是如何帮助我们直观化一个航天器轨道。假设一个通信卫星具有如下轨道六根数据：

- 半长轴，a=5000 千米
- 偏心率，e=0.4
- 倾角，i=45°
- 升交点赤经，Ω=50°
- 近地点幅角，ω=100°
- 真近点角，v=170°

如图 3.27 所示，首先根据半长轴和偏心率，可以画出轨道的大小和形状。偏心率为 0.4 表示椭圆轨道（它介于 0 和 1 之间）。半长轴 50000 千米说明轨道有多大。

已知轨道倾角 45°，它是指特定角动量矢量与地心赤道坐标系之间的夹角。因此可以勾画出如图 3.28 所示的两个平面在三个维空间上构型。

为了确定轨道平面相对于主方向的运动，利用升交点赤经 Ω。在赤道平面定位主方向后，可以通过定位矢量以东 50° 的升交点来旋转轨道平面，于是就得到图 3.29 所示的轨道。

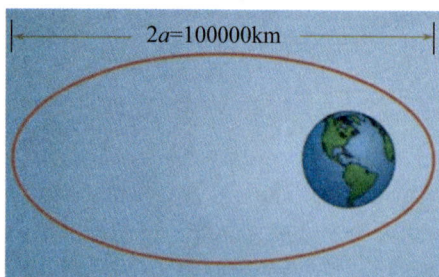

图 3.27 卫星的轨道大小与形状

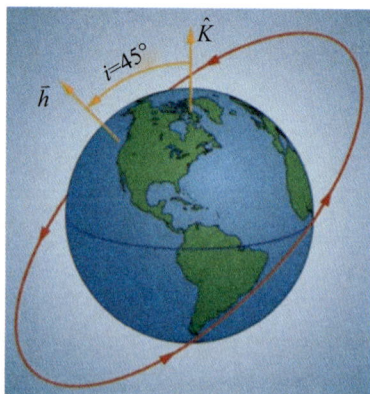

图 3.28 轨道倾角

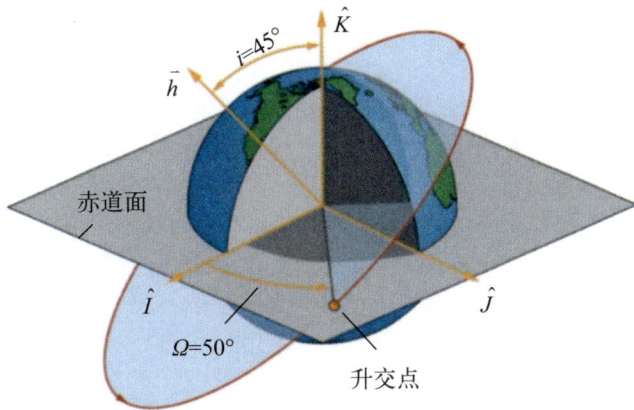

图 3.29 升交点赤经为 50° 的轨道示意图

现在，已经完全明确了轨道的大小和形状，以及轨道平面在空间的方向。但是还不清楚轨道是如何在平面内定向的，这就需要利用近地点幅角（ω）来确定。为了在轨道平面内求得近地点，从升交点沿航天器运动方向旋转 100° 就可以确定近地点，图 3.30 表述了如何在轨道平面内进行轨道定向。

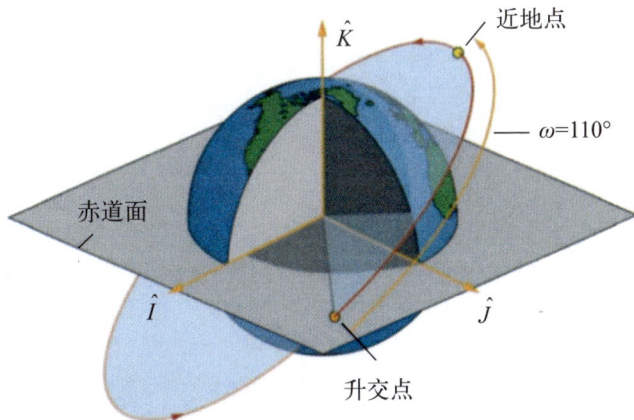

图 3.30 从上升点逆时针转 110°，就确定了轨道的近地点

最后，在轨道内，利用真近点角 ν，就可以确定在轨卫星的位置（如图 3.31）。

不同的任务需要不同的轨道，地球静止轨道是周期约为 24 小时、倾角为 0° 的圆轨道，所以通信卫星通常部署在地球静止轨道。地球同步轨道为倾斜轨道，周期约为 24 小时；半同步的轨道周期为 12 小时；太阳同步轨道是低地球轨道，通常倾斜为 95°～105°，因为它们几乎会扫过地球表面的每个点，所以经常用于遥感任务。闪电轨道一种半同步的椭圆轨道，为倾角为 63.4°，其近地点幅角为 –90°，轨道周期为 12 小时。

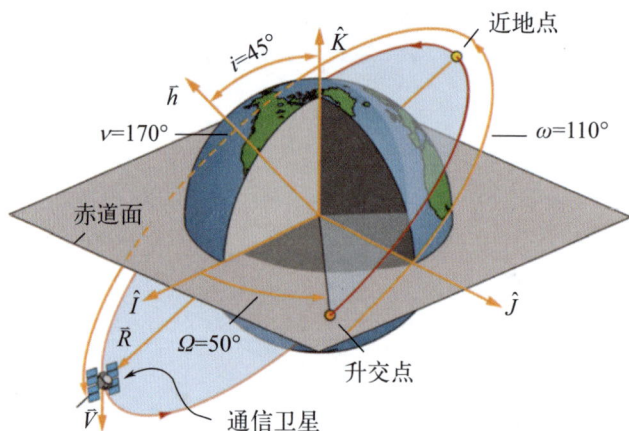

图3.31 从近地点逆时针转170°，就可以找到通信卫星

现在，我们已经知道了经典的轨道六根数，但是轨道六根数并不总是有效。例如，圆形轨道就没有近地点，在这种情况下，没有近地点幅角 ω，或真近点角 ν，因为两者都以近地点为参考。为了纠正这一问题，引入了一个替代轨道要素来替换这两个缺失的角度。一般来说，当遇到一个或多个未定义轨道根数的特殊轨道时，从航天器的位置矢量回溯到定义的下一个量。例如，对于圆轨道而言，不用真近点角来定义位置，而用纬度幅角 μ，从升交点到航天器运动方向上的轨道路径上的纬度幅角 μ（如图3.32所示）。

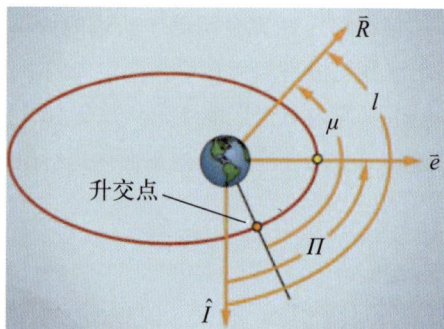

图3.32 μ 为维度幅角，Π 为经度

另一种特殊情况是赤道椭圆轨道（$i=0°$ 或 $180°$）。在这种情况下，赤道和轨道平面之间的交线缺失了（节点的连线），因此升交点不存在。升交点赤经 Ω 和近地点幅角 ω，都属于未定义。这时用另一个元素替换，近地点经度 Π，它是从主方向 $\hat{I}$，到在航天器运动方向上的近地点的角度（如图3.32所示）。

最后，一个赤道圆轨道既没有近地点，也没有升交点，所以升交点赤经 Ω，近地点幅角 ω 和真近点角 ν，都是未定义的。这时可以利用真黄经 l 来代替所有的缺失元素。在航天器的运动方向上从主方向 $\hat{I}$，到航天器的位置矢量 $\vec{R}$ 的角度。表3.4总结了这些替代元素。

表3.4 替代轨道元素

元素符号	名称	取值范围	适用情况
μ	纬度幅角	$0°\leqslant\mu<360°$	当没有近地点（$e=0$）时使用
Π	近地点经度	$0°\leqslant\Pi<360°$	没有升交点时使用
l	真黄经	$0°\leqslant l<360°$	既没有近地点也没有升交点

第 4 章
火箭

火箭是自身携带全部推进剂，靠火箭发动机喷射工质（工作介质）产生的反作用力向前推进的飞行器，可在大气层内和大气层外飞行，是实现航天飞行的运载工具。

火箭的发明对于太空探索和空间飞行具有重要意义。它架起了人类通向太空的桥梁，此后，卫星、航天飞机和宇宙空间站相继出现，人类活动的范围从地球扩展到了浩瀚的太空，人类由此步入了一个伟大的宇航时代。

看似复杂的火箭，原理其实非常简单，早在 17 世纪，牛顿就很清晰地进行了描述：如果以一定速度向后抛出一定质量，就会受到一个反作用力的推动，向前加速。火箭向后抛出一定质量是靠火箭发动机来完成的。点火以后，推进剂（液体的或固体的燃料和氧化剂）在发动机燃烧室里燃烧，产生大量高压气体；高压气体从发动机喷管高速喷出，对火箭产生的反作用力，使火箭沿气体喷射的反方向前进。固体推进剂是从底层向顶层或从内层向外层快速燃烧的，而液体推进剂是用高压气体对燃料与氧化剂贮箱增压，然后用涡轮泵将燃料与氧化剂进一步增压并输送进燃烧室。推进剂的化学能在发动机内转化为燃气的动能，形成高速气流喷出，产生推力。

火药曾经是原始的火箭推进剂，目前战术型火箭或较小导弹大多采用火药推进剂。人们习惯性把这样的固体燃料叫作"单元推进剂"。需要燃烧剂加氧化剂的燃料被称为："二元推进剂"。组合使用液体和固体燃料推进剂的称为混合推进剂。使用混合推进剂的火箭发动机比冲和体积比冲介于液体和固体火箭推进剂之间。20世纪 50 年代美国研制成功氧化氢和聚乙烯作为火箭发动机的混合推进剂。1964 年法国首先发射成功采用混合推进剂为动力的气象火箭。我国"长征一号 D"运载火箭第一级、第二级用液体燃料火箭发动机，第三级用固体燃料火箭发动机，也是采用混合推进剂。

4.1　火箭与宇宙速度

火箭的速度与其用途密切相关，不同类型火箭的速度差异显著。

（1）地球引力到底有多大

引力是自然界所有物体相互作用的四种基本力之一，除此之外，还有弱核力、强核力和电磁力。在这四种力中，引力是最弱的，它比强核力弱 1038 倍，比电磁力弱 1036 倍，比弱核力弱 1029 倍。因此，科学家在研究和解决问题时，有时对引力的影响会忽略不计。

但是，从宏观层面上看，行星、恒星、星系之间的引力是影响物质相互作用的主导力量，它会引起天体的形成、形状和运动轨迹，并支配着天体行为。在早期宇宙的演化中引力也扮演了重要的角色，它将物质聚集在一起形成气体云，这些气体云在引力作用下逐渐坍缩，最终形成了第一批恒星。这些恒星随后被吸引到一起，形成了第一批星系。

在单恒星系统中，引力导致尘埃和气体结合形成行星，它还支配着行星围绕恒星的轨道、行星佛卫星围绕行星的轨道，恒星围绕星系中心的旋转，以及星系的合并（图 4.1）。

图 4.1　宇宙大爆炸之后，气体云渐渐坍缩，导致恒星诞生和星系形成的过程

（2）第一宇宙速度（环绕地球的速度）

进入航天时代，人类进入太空，必须依靠火箭加速，达到第一宇宙速度，也即克服第一宇宙速度，才能实现飞天梦想。

第一宇宙速度是航天器沿地球表面做圆周运动时必须具备的速度，也叫环绕速度。第一宇宙速度两个别称：火箭最小发射速度、卫星最大运行速度。在一些问题中说，当某卫星以第一宇宙速度运行，则说明该卫星是沿着地球表面运行的。按照力学理论可以计算出 V_1=7.9 千米/秒。

（3）第二宇宙速度（脱离地球的速度）

当物体飞行速度达到 11.2 千米 / 秒时，就可以摆脱地球引力的束缚，飞离地球进入环绕太阳运行的轨道，不再绕地球运行。这个脱离地球引力的最小速度就是第二宇宙速度。各种星际探测器的初始飞行速度都要高于第二宇宙速度。

（4）第三宇宙速度（逃逸太阳的速度）

从地球起飞的航天器飞行速度达到 16.7 千米 / 秒时，就可以摆脱太阳引力的束缚，脱离太阳系进入更广袤的宇宙空间。这个从地球起飞脱离太阳系的最低飞行速度就是第三宇宙速度。见图 4.2 所示。

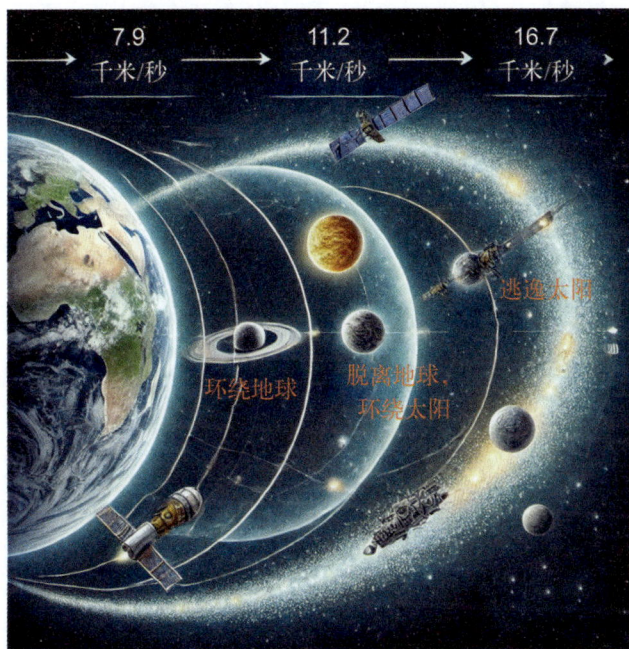

图 4.2 第一、第二和第三宇宙速度

（5）第四宇宙速度（脱离银河系的速度）

第四宇宙速度，是指在地球上发射的物体摆脱银河系引力束缚，飞出银河系所需的最小初始速度，为 110～120 千米 / 秒。这个数据是指在银河系内绝大部分地方所需要的航行速度。120 千米 / 秒的数值为在银河系内的绝对脱离速度，用作代表第四宇宙速度（目前人类无法得出确切的第四宇宙速度，原因是对于银河系的质量以及半径等无法取值）。

（6）第五宇宙速度（脱离本行星群的速度）

第五宇宙速度，指的是航天器从地球发射，飞出本星系群的最小速度。由于本星系群的半径、质量均未有足够精确的数据，所以无法估计数据大小。目前科学家估计本星系半径大概为 50～100 亿光年，照这样算，需要 1500～2250 千米 / 秒的速度才能飞离。这个速度以目前人类科学发展水平，需要很长时间才能达到，所以目前只是一个幻想。

4.2　火箭的组成

通常火箭的组成部分包括推进系统、箭体结构和有效载荷，而现代火箭一般为 2～4 级，由 8 个分系统组成：有效载荷、箭体结构、推进系统、制导系统、电源系统、安全系统、遥测系统、外弹道测量系统等。

有效载荷是指火箭的运载对象，运载对象包括人造卫星、飞船或空间探测器等，有效载荷的整流罩位于运载火箭前端。当火箭在大气层内飞行时，它用来保护有效载荷不受气动力和气动加热的影响；当火箭飞出大气层后，它已不起作用，为减轻火箭重量，可以抛掉整流罩。

箭体结构是指火箭各个受力和支承结构件的总称，它的功能是安装连接有效载荷、仪器设备和动力装置等，将组成火箭的各个分系统牢靠地连接成一个整体（图 4.3）。

推进系统的功能是产生推力，推动火箭向前运动。迄今火箭上使用的发动机均为火箭发动机。按火箭发动机的种类，可以有液体火箭与固体火箭之分。火箭的控制系统由箭上系统和地面系统两部分组成，其中箭上系统叫飞行控制系统，地面系统称测试发射控制系统。

我们常常在电视上看见火箭腾空而起飞向蓝天，紧接着消失在人们的视野里，最后进入预定轨道。火箭是如何确定它的初始方位的呢？这就要用到火箭的初始对准系统了。火箭的初始对准系统是用来确定位于发射点的火箭的初始方位，并控制火箭对准目标的系统。一般由箭上设备和地面设备共同完成。按照工作原理分为光学、光电和自主瞄准。

安全系统包括运载火箭上的自毁系统和地面的无线电安全系统两部分。当运载火箭在飞行中一旦出现故障不能继续飞行时，自毁系统启动将火箭在空中炸毁，避免运载火箭坠落时给地面造成灾难性的危害。

遥测系统能够测得火箭在飞行中的所有动态数据，清晰地反映火箭动力系统、电气系统、火工品等工作状态，实时测报火箭飞行的方位、速度及各级分离情况。

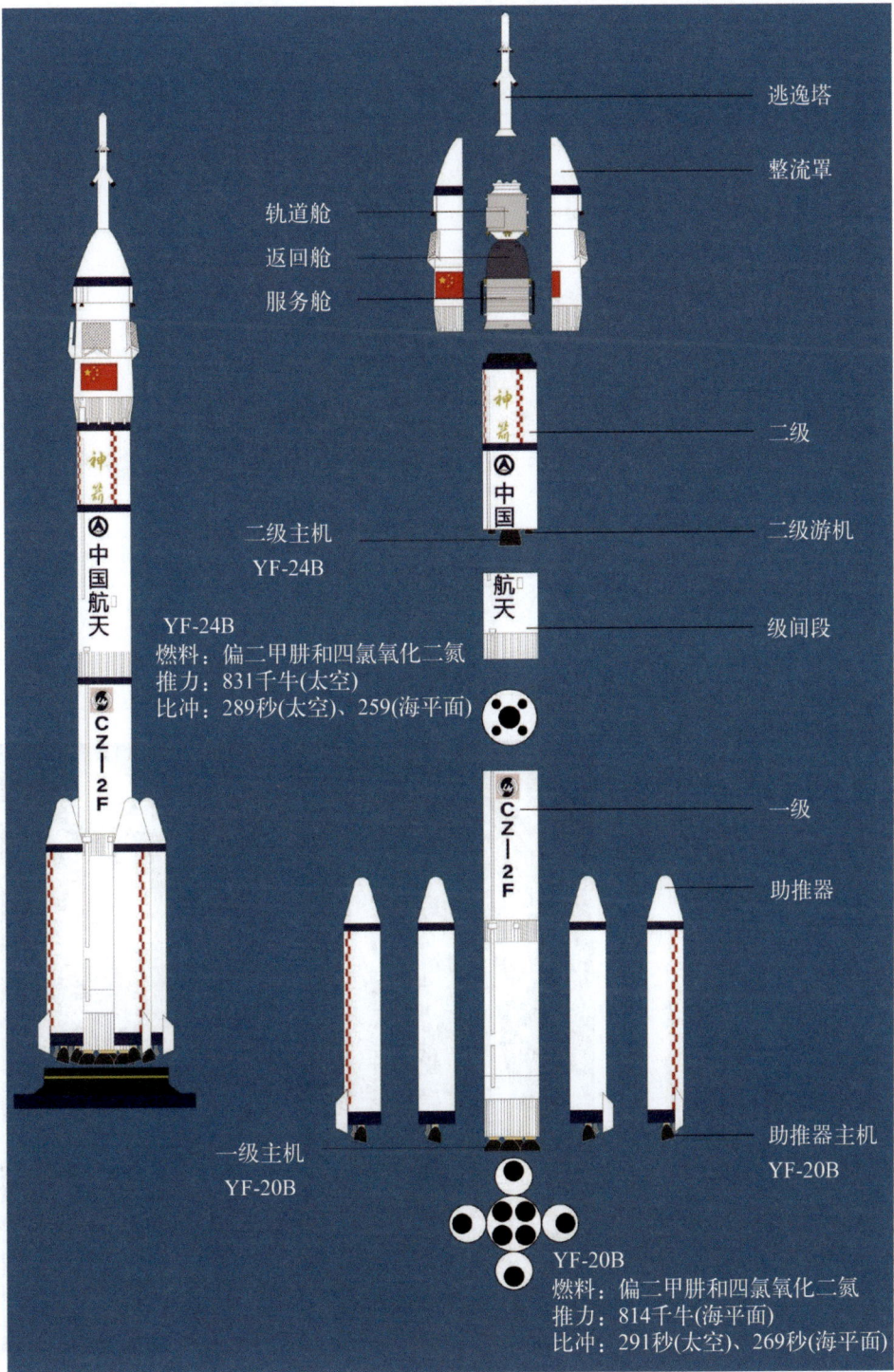

逃逸塔

整流罩

轨道舱

返回舱

服务舱

二级

二级主机
YF-24B

二级游机

级间段

YF-24B
燃料：偏二甲肼和四氯氧化二氮
推力：831千牛(太空)
比冲：289秒(太空)、259(海平面)

一级

助推器

一级主机
YF-20B

助推器主机
YF-20B

YF-20B
燃料：偏二甲肼和四氯氧化二氮
推力：814千牛(海平面)
比冲：291秒(太空)、269秒(海平面)

图 **4.3** 箭体结构系统

外弹道测量系统是利用光和电波等的特性，对火箭进行不间断的观测，以测定它的运动参数。外弹道测量系统的主要设备在地面，为各种形式的雷达和光学设备。遥测系统也可以称为内弹道测量。

4.3 火箭分级的原因

现役的运载火箭都是由单级火箭串联或并联组成。那么，火箭为什么不能做成一级呢？

火箭要实现宇宙航行，有一个必需条件，飞行速度理论上至少要达到 7.9 千米 / 秒，即第一宇宙速度。而在目前技术条件下，单级火箭最大速度只能达到 6 千米 / 秒，要把卫星送上几百或几万千米的高空，并具有冲破地球引力的速度，用单级火箭很难达到。

假如把巨大的运载火箭做成单级，那么全部推进剂只能贮存在这一级火箭的贮箱内。这样，贮箱不但要增大容积，还因为承受的推进剂增多而必须加厚箱壁，这又会增加贮箱重量。而贮箱越重，所耗费的推进剂就越多，以致火箭最终无法达到第一宇宙速度。

按照齐奥尔科夫斯基的"火箭方程"，有两种方法可以提高火箭的速度：一是采用高能量的推进剂，即采用高比冲推力的推进剂；二是采用高强度的结构材料，尽量减轻火箭的结构质量。但是科学家们经过反复实验，最终发现单级火箭无法达到发射卫星的要求。之后，齐奥尔科夫斯基也在《太空火箭列车》中提出了多级火箭的思想（图 4.4）。

多级火箭的原理是在火箭的每一级中都注入推进剂，推进剂烧尽后将该段剥离，同时下一级的推进剂接着燃烧，如此往复。因为舍弃了使用完结的火箭级，火箭的质量比

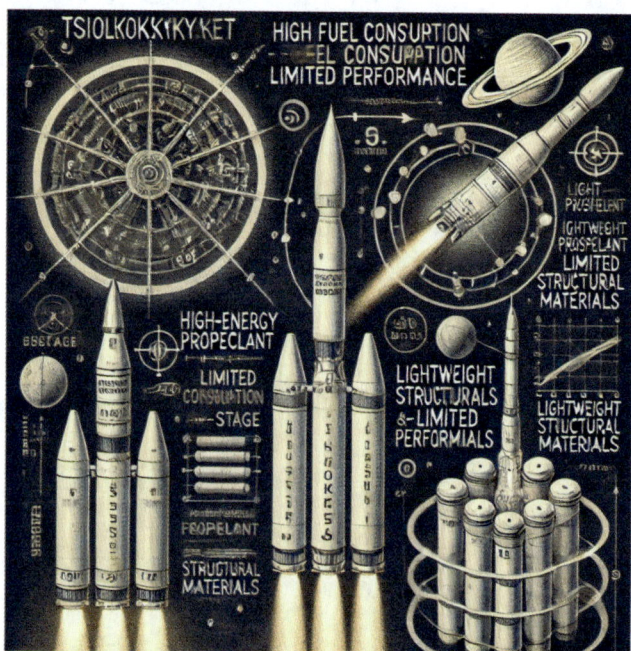

图 4.4 按照齐奥尔科夫斯基火箭方程的核心理念实现从单级火箭的局限到多级火箭设计的突破

得以提升，火箭运行起来也更加高效。因此多级火箭的设计目的是让火箭飞行过程中舍弃不需要的部件，追求火箭轻型化，提高火箭性能。

但是多级火箭要为每一级都制造燃烧系统，这会导致需要的连接和分离结构增加，使火箭的整个系统变得复杂，不仅增加火箭结构质量而且降低可靠性。同时研究表明，火箭级数超过三级后，其性能提升幅度并不显著。因此为了提高火箭发射的成功率，通常用二级或三级火箭来发射运载人造地球卫星，用四级火箭来发射飞向星际空间的宇宙飞船，宇宙飞船本身成为末级火箭。例如，我国的长征三号火箭是三级火箭（见图2.4所示），长征三号甲是在长征三号的基础上改进而成，同样也是三级火箭。而长征二号系列运载火箭则是二级火箭。

> **名词解释：**
>
> 火箭的质量比是火箭起飞时的质量（包括推进剂在内的质量）与发动机关机（熄火）时刻的火箭质量（火箭的结构质量，即净重）之比。因此，质量比大，就意味着火箭的结构质量小，所携带的推进剂多。

4.4 中国 3.35 米火箭直径之谜

20世纪80年代，国际航天领域竞争激烈，各国都在展示自己的新技术，尤其是火箭领域。当时的主流大推力火箭，直径大都超过4米，美国的"土星5号"更是达到了10米之巨。然而，中国却以一款直径仅为3.35米的火箭取得了重大的发射成功，并引起了国际社会的高度关注。

（1）国际会议上的疑问

在一次国际航天会议上，中国代表团的展示引发了轰动。美国的航天专家们坐在会议厅里，边听边交换意见，充满好奇："仅仅3.35米直径的火箭，推力怎么会这么强？"会议一结束，几位美国专家便迅速凑到一起，开始热烈讨论。

"也许中国掌握了新型的高能推进剂。"一个专家猜测道，"否则燃烧效率不可能这么高。"

"或者他们用的是特殊的轻质材料，大幅减轻火箭的重量。"另一个人附和。

"也许是某种我们还没掌握的喷射系统吧。"有人皱着眉头说。

不管怎么讨论，这些假设始终无法解释清楚中国火箭的性能表现。3.35米的直径，按照常规的设计思路，是很难承载足够的燃料和推力系统来发射如此重量级的载荷的。

于是，在第二天的技术交流会上，一位美国专家忍不住向中国工程师直接发问：

"你们是怎么做到在这么小的直径下实现高效运载能力的？"

中国的航天专家微微一笑，回答得既简洁又真诚："优化内部结构，采用轻质材料，简化设计，最大限度提高燃料效率。"听完之后，美国专家们虽然点头称是，却显然心存疑惑。他们认为中国肯定还有其他"隐藏的秘密"没有公开。

（2）美国的持续追踪

会后，美国航天部门依旧没放下这个"谜团"，继续组织团队分析中国火箭的设计结构。然而，从技术文献中看，中国火箭使用的推进剂并不比国际标准高效多少，材料上也没有特别的突破。那么，这个谜底究竟藏在哪里呢？

几个月后，一位研究团队成员提出了一个意外的猜测："会不会是火箭的直径本身并不是出于技术考虑，而是受到其他限制？"

图4.5 3.35米直径火箭通过狭窄山间铁路隧道

于是，他们开始调查中国的火箭运输情况，并发现一个重要的信息：中国所有的大型火箭都是从北京附近的工厂制造，然后通过铁路运输到发射基地。

问题就出在这里！中国的铁路干线中，有许多穿越山区的隧道（图4.5），而这些隧道的宽度有限，它们只能通过直径3.35米的物体！

"这才是关键！"一位美国专家拍着桌子感叹，"不是因为他们技术达到了极致，而是铁路运输条件决定了火箭的最大直径！"

（3）中国航天人的智慧

虽然3.35米的直径是出于现实条件的限制，但这并不意味着中国航天人简单妥协了。相反，正是这种限制迫使他们在设计上进行极限优化，展现出独特的工程智慧。比如，优化燃料与氧化剂的比例，提高推进剂的燃烧效率，弥补体积的不足；发动机布局精巧紧凑，将多个小型高效发动机整合在有限的空间中；采用轻质高强度材料，在保证火箭强度的前提下尽量降低自重；极限内部空间利用，将燃料舱、推进系统和控制设备进行高度集成，丝毫不浪费空间。

换句话说，中国不是依赖奇迹或黑科技，而是靠着现实中的"困境"激发出创新设计能力。如果没有3.35米的限制，中国可能会选择更大的直径，但正因为这个限制，才成就了这段让国际同行赞叹的佳话。

（4）谜底揭开后的感慨

多年后，当长征五号火箭（直径 5 米）成功发射时，曾研究过中国 3.35 米火箭的美国航天专家回忆起这段往事，感慨道："中国的真正厉害之处不在于他们掌握了什么超前的技术，而是他们能在每一个限制下，找到最佳的解决方案。"

现在，这段 "3.35 米火箭之谜" 就这样成为了中国航天发展史上一个经典的故事，也成为了工程设计领域 "化限制为优势" 的成功案例。

4.5 火箭的出征之路

火箭发射时的震撼场景想必会令你毕生难忘，但是你有没有想过形体这么巨大的物体，是怎么 "走" 到发射台上的呢？让我们一起来了解火箭的出征之路。

运载火箭的运输过程大致可分为两个阶段。第一段是从制造厂房运输至火箭发射场，属于长距离运输；第二段是在发射场内从组装测试厂房转场至火箭发射平台，转运距离比较短。火箭箭体本身就十分庞大，加上箭体上装有各种精密仪器部件，因此要在保证火箭结构和箭上仪器不受影响的基础上完成火箭运输和转运，任务的难度不容小觑。

我国的火箭运输有三种：铁路、公路和海上运输。其中，在 2016 年中国 "远望21 号" 运输船顺利将长征七号运载火箭运抵海南文昌清澜港。这也是长征系列火箭第一次由海路运往发射场，也是我国运载火箭第一次突破铁路运输的局限性，实现整体运输。

三种运输方式相比较，公路运输距离过长且颠簸；铁路运输运力强，但受铁路隧道直径的限制；海运则更为平稳。总之，火箭通过公路、铁路运输，就像坐 "硬板凳"；乘船从海上运输，就好似坐 "沙发"。

火箭运输至发射场后，要在厂房内进行组装和测试，在临近发射窗口的前一周左右会转场至发射区。目前火箭的转场方式分为水平转场和垂直转场两种类型，就好像是 "站" 着和 "躺" 着的转场。

水平转场是将火箭的芯级、整流罩等各个部段，分别转运到发射区，然后在发射塔架上完成火箭的吊装、对接和测试。比如长征二号丙火箭、长征三号甲系列火箭都是采用水平转场方式。这种转场方式的优势是不需要建垂直总装厂房，成本低，在航天发展的早期，多采用水平转场方式。但是水平转场的火箭，转到发射区后要完成垂直吊装和垂直测试工作，在发射区时间相对较长，不便于连续发射。

垂直转场是将 "站" 起来的火箭整体运往发射塔架。垂直转场对技术区的设施要求以及对天气要求都很高，但火箭在发射区的时间较短，仅 3 至 7 天，因此连续发射能力强。垂直转场需要注意稳、匀、准这 "三部曲"。"稳" 指的是活动发射平台要稳如泰山；"匀" 指的是转场要匀速前行，同时要对火箭的供电、供气、温湿度

图4.6　垂直转场过程中，火箭"站"立在移动平台上被运往发射塔架的场景

等情况进行实时监测；"准"指的是定位精准，火箭最终的停靠位置精度要达到毫米级，误差需控制在15毫米以内。而这"三部曲"对保证火箭结构和箭上仪器精度不受影响，以及实现火箭精准起飞具有重要作用。

在不同的发射场，需要根据地理气候环境情况选用不同的转场方式。比如发射长征三号甲系列火箭的西昌卫星发射中心，地处山地，不便于垂直转场；而酒泉卫星发射中心和海南文昌发射中心，地势比较平坦，垂直转场也比较容易实现。我国长征二号F火箭、新一代火箭"长征五号""长征七号"均采用垂直转场。

可见，运载火箭的出征之路并不轻松，需要多方团队的协调与配合才能有火箭腾空而起，飞向太空的震撼一幕（见图4.6）。

4.6　火箭的发射窗口

日常生活中，我们乘坐高铁、飞机等交通工具，发车或起飞时间都不是随机的。火箭作为卫星等"乘客"的运载工具，发射时间也不是随机的，且发射时间不是一个确定的时间点，而是一个比较适合发射的时间范围，被形象地称为"发射窗口"。

火箭发射窗口一般有四种：年窗口、月窗口、日窗口、零窗口。

"年窗口"是指一年甚至是几年才能遇到一次发射时机。一般发射运载星际探测任务探测器的火箭时，为"年窗口"。比如，美国发射"旅行者1号"时，发射时间就是"年窗口"。发射火星探测器，一般也是两年才有一次发射窗口。

"月窗口"是指每月都有几天适合发射。一般发射运载月球探测任务探测器的火箭时，为"月窗口"。比如，我国长征三号乙火箭运载嫦娥三号探测器时，发射时间就是"月窗口"。

"日窗口"是指每天都有适合发射的时机。一般火箭运载近地轨道、地球同步轨道和地球同步转移轨道等任务的卫星时，发射时间为"日窗口"。比如，我国长征三号乙火箭运载北斗导航卫星时，发射时间就是"日窗口"。

"零窗口"是指在预先计算好的发射时间，分秒不差地将火箭点火升空，不允许有任何延误与变更。一般火箭发射执行交会对接任务的飞船等时，为零窗口发射。比如，我国长征七号火箭运载天舟一号货运飞船上太空，与天宫二号空间实验室交会对接，发射时间就是"零窗口"。

火箭发射窗口是根据航天器本身的要求及外部多种限制条件经综合分析计算后确定的，主要有以下约束条件：太阳照射卫星飞行下方地面目标的光照条件（如气象、资源等卫星）、卫星太阳帆板与太阳光线的相对关系（太阳能电池供电的要求）、卫星姿态测量精度要求的地球和星光的几何关系、卫星温度控制要求太阳只能照射卫星某些方向、卫星处于地球阴影内时间长短的要求（太阳能电池供电的要求）、着陆回收时间的要求（如返回式卫星、载人飞船等）、对卫星轨道面的特定要求（如移动通信卫星星座、轨道交会、轨道拦截等）、地球与目标天体相对位置的要求（如月球探测器、行星探测器等），其他如地面跟踪测量条件和气象条件等。

由于太阳、地球和其他星体的相对位置在不断变化，即使发射同一类型、同一轨道的航天器，其发射窗口也是不固定的。一旦由于技术原因，或天气等其他原因，不能按时发射而错过了发射窗口时，则只能等待下一个发射窗口。有的航天器发射，一天之内不止一个窗口，有的只有等几天或更长时间再发射（如图4.7所示）。

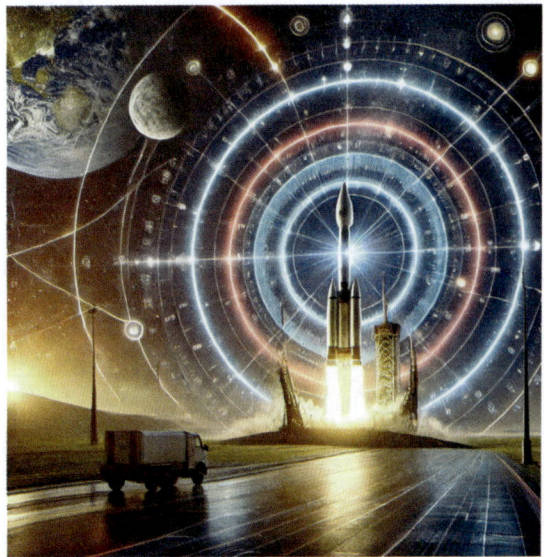

图4.7 发射窗口计算过程的概念图
需要考虑太阳光照、卫星轨道参数、
地球阴影、目标天体位置等因素

4.7 火箭从发射到成功的整个过程

北京时间 2022 年 6 月 5 日 10 时 44 分，搭载神舟十四号载人飞船的长征二号 F 遥十四运载火箭在酒泉卫星发射中心点火发射，以下是以此次发射为例，介绍火箭的发射全过程。

4.7.1 火箭飞行程序

① 发射前准备：飞船与运载火箭整体运输至脐带塔，并进行最后的功能检查，确保所有系统正常运行。

② 点火：一切准备就绪后，倒计时结束，发射指令下达，火箭发动机及四个助推器同时点火。点火采用自燃方式，两种推进剂（一种为燃料剂，另一种为氧化剂）分别从不同喷嘴喷入燃烧室，经过雾化、蒸发、混合后，自发发生剧烈的氧化还原反应，产生强大推力。

③ 程序转弯：起飞 12 秒后，火箭不再垂直上升，而是进行程序转弯。这一动作使火箭沿着地球表面的倾斜角度飞行，有效节省燃料。随后，火箭会进行多次分离动作。

④ 逃逸塔分离：发射后 120 秒，位于火箭顶部的逃逸塔与火箭分离。逃逸塔由塔架、逃逸发动机和分离发动机组成，在紧急情况下可迅速启动逃逸程序，确保航天员安全。逃逸塔分离后，分离发动机将座舱与塔架分开，为后续回收做好准备。

⑤ 助推器分离：发射 152 秒后，火箭的四个助推器燃料耗尽，与火箭主体分离，完成其阶段性任务。

⑥ 一级与二级火箭分离：156 秒时，火箭在约 70 千米高度（接近卡门线）完成一级与二级分离。一级火箭发动机关机分离，二级火箭发动机点火，继续推进飞行。

⑦ 整流罩分离：发射 210 秒后，二级火箭带着飞船飞出大气层。此时，用于保护飞船的整流罩完成使命，与火箭分离。整流罩的作用是保护飞船免受气动加热、声振等不利环境影响，是运载火箭的重要组成部分。

⑧ 二级游机停止工作：发射 582 秒时，二级火箭发动机燃料耗尽，游机停止工作并与飞船分离。在此之前，主机工作至 460 秒时停止，随后游机以小推力将飞船送入预定轨道。

⑨ 船（星）箭分离：发射 585 秒后，飞船到达预定轨道并与运载火箭分离。这是一个关键时刻，标志着发射成功的重要节点。

⑩ 展开太阳电池帆板：飞船成功分离后，开始展开太阳电池帆板，为飞船提供电力。

4.7.2 火箭飞行过程中的监测任务

在整个发射和飞行过程中，各系统均处于监控之下，其中包括：

① 火箭飞行正常；

② 跟踪系统正常；

③ 东风光学 USB 雷达跟踪正常；

④ 遥测信号正常；

最后，任务指挥中心宣布火箭发射任务取得圆满成功，标志着又一次航天发射的顺利完成（图 4.8）。

(a)火箭发射的监测系统　　　　　　　　　　　(b)火箭发射过程的跟踪与监测

图 4.8　火箭飞行期间的监控任务，包括光学跟踪、遥测信号和地面雷达等关键监测手段

4.8　一箭多星是怎么实现的呢

2018 年 12 月 29 日，中国在酒泉卫星发射中心用长征二号丁运载火箭及"远征三号"上面级，成功将 6 颗云海二号卫星和搭载发射的鸿雁星座首颗试验星送入预定轨道。

"远征三号"的多星发射上面级，是一种介于运载火箭与空间飞行器之间的新型运载器，又被称为"太空摆渡车"，因为它一次可以运输不同类型的 10 颗或更多卫星进入太空，并将这些卫星逐一运送到不同的目标轨道。"远征三号"在中国国内首次实现了将两组卫星部署到不同轨道上。

大家都听说过了，一枚火箭可送多颗卫星上太空，但是它们如何脱离上面级进入预定轨道呢？通常，执行不同任务的卫星重量、大小、目的地各不相同，它们从上面级"下车"的方式也不尽相同。火箭把卫星运送至目的地时，根据任务需要，卫星有的"跳"下车，有的"转"下车，有的"坐"着下车；下车顺序可以是按序排队下车，也可以"天女散花"式的同时下车；可以走"正门"，还可以走"侧门"。

4.8.1 "跳""坐""转"下车

通常卫星是"跳"下车、"转"下车，还是"坐"着下车，取决于不同的星箭分离方式。

其中，"跳"下车采用的是弹簧弹射式的分离方式，这种方式在现役火箭上应用很广泛。在预定的时间内，弹簧同时作用在上面级和卫星上，将两者沿相反的方向弹开。而"坐"着下车，采用的是火工品❶装置为分离能源的反推分离方式，通常在弹射方式无法满足分离要求的情况下应用。分离时，安装在上级的"小火箭"点火，产生反推力，将上面制动，而卫星仍"坐"在原地，所以被称作"坐"着下车。"转"下车，采用的是上面级起旋或利用冲量装置的旋转分离方式，不过这种分离方式应用得比较少。它是将卫星放在一个旋转装置中，就如旋转木马一样。分离时，装置产生离心力，将卫星分离出去，所以被称作"转"下车。

火箭上面级利用分配器部署多颗航天器，实现了不同轨道任务卫星的有序释放，包括顺序和"天女散花"式的多方向部署（图4.9）。

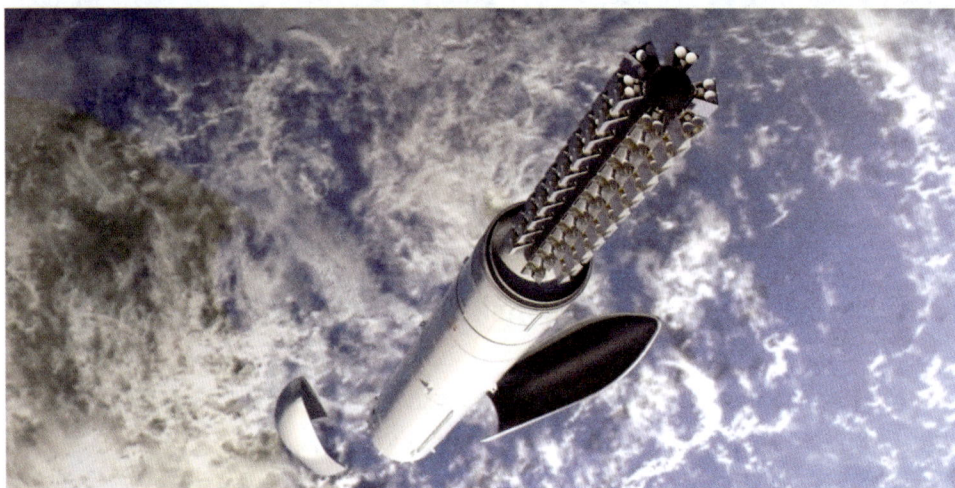

图4.9　火箭上面级的多星分配器

4.8.2 "天女散花"式、排队式下车

卫星任务不同，下车时间、地点和顺序也不相同。有的是把多颗卫星送入基本

---

❶ 火工品，又称火具，是装有火药或炸药，受外界刺激后产生燃烧或爆炸，以引燃火药、引爆炸药或做机械功的一次性使用的元器件和装置的总称。

相同的轨道，当上面级抵达预定轨道时，把所有的卫星像天女散花一样释放出去；有的是把多颗卫星排成队，分别送入不同的轨道。由于下车的地点不同，卫星在上面级排列的位置也不同，有的靠近"正门"，有的靠近"侧门"，以便于卫星直接到达分离轨道，并保证下车的安全。

未来，随着分离技术的发展，卫星乘火箭进入太空，还可以选择离子推进等多种分离方式下车，卫星不但可以"跳"下车，"转"下车，还可以"跑"下车。

4.9 为什么火箭回收会产生声爆

2024 年 8 月，美国 SpaceX 公司官网发布了一段视频，汇集了猎鹰 9 号火箭一级回收的名场面，其中，火箭回收过程中产生的震撼声爆现象引发人们关注。那么，火箭回收时为什么会产生声爆呢？

首先我们来了解一下什么是声爆。声爆是指物体在空气中运动的速度突破声速时产生冲击波所引起的巨大响声，通常它是由飞行器跨声速飞行时造成。为什么会形成这些现象呢？

飞行器在飞行过程中会给空气一个扰动，产生向四周传播的声波。当飞行速度接近或者刚超过声波速度时，扰动空气产生的声波速度基本和飞行器同步，于是声波都附着在飞行器周围，累积多了就成为环绕飞行器周围的激波。激波向外传播时会互相干扰和影响，然后汇集成一道包络飞行器头部的前激波和一道尾随飞行器尾部的后激波（图 4.10）。

激波的厚度很小，激波经过后，空气的压强、密度、温度都会突然升高，速度立即下降。当这两道激波波及无论哪个空间和物体时，均会带来这种强烈的变化。反映到人的耳朵里，就是耳鼓膜受到突然的空气压强变化，人们会感觉到两声雷鸣般的巨响。这种响声被称为声爆。

图 4.10 飞行器在突破声障时产生声爆的瞬间，形成了一个独特的冲击波锥

此外，跨声速飞行常常伴随的一个效应叫作声爆云（普朗特-格劳厄脱凝结云），表现为以飞行器为中心轴、从机翼前段开始向四周均匀扩散的圆锥状云团。这是由于气流流速突破声速时比空气传导速度更快，无法有效向下拉气流，导致密度减小，气压降低，水汽凝结。水滴多了就成为云雾状态，于是就形成和声爆波轨迹一样的环状声爆云。

而一旦突破声障，声音都被甩在机后，自然不会产生声爆云。同理，在亚声速飞行时，声音都在飞行器身前，也不会产生声爆云。这种现象只有在物体接近或者等于声速时才能发生。

人们经常可以看到战斗机在跨声速飞行时，产生轰鸣的声爆和漂亮声爆云，但是对于火箭产生的声爆现象并不熟悉。那么火箭飞行时会产生声爆现象吗？答案是肯定的。

火箭的声爆现象不太容易被观察到，主要有两方面原因：一是火箭垂直起飞，且起始阶段速度较慢，加速到接近声速时已经距离地面很高了，产生的声爆经过扩散和衰减，不易被地面听到；二是火箭表面较为光滑，周围产生的激波不易在表面叠加，形成显著的声爆云，而战斗机的声爆云通常在机翼根部凸起较为明显的地方积累产生。

猎鹰9号火箭为什么会在回收阶段产生显著的声爆现象呢？这是由于猎鹰9号火箭的一级箭体在重返大气的过程中，经历了从向上飞行减速至零，到向下加速飞行，然后再次减速的过程。在向下加速飞行的过程中，其速度恰好在某个位置达到声速，在跨声速的瞬间产生声爆现象。而且由于其张开了4块栅格翼用于控制方向，栅格翼凸起的存在，使得其产生了显著的声爆云。

声爆是跨域声速的常见物理现象，随着火箭回收技术越来越成熟，人们也会观察到越来越多的火箭声爆现象。

4.10　火箭发射时为何会"腾云驾雾"

每当火箭伴随着震耳欲聋的轰鸣声腾空而起时，人们总能见到一股巨大的白色水雾环绕在其周围，火箭如腾云驾雾般直冲云霄（图4.11）。这一景象不仅令人感到震撼，也引发了无数人的好奇：火箭发射时为何会"腾云驾雾"呢？

首先，大家需要了解火箭发射的基本过程。在火箭点火前，它会被送至发射塔架并被牢牢地固定在其上，以确保其在发射过程中的稳定和安全。

在发射塔架的下方，隐藏着一个巨大的深坑，这个深坑有一个专业的名字——导流槽。导流槽是火箭发射场中的关键设施，导流槽内充满了大量的水，当火箭点火后，其尾部喷射出的高温火焰会瞬间与导流槽内的水相遇，槽内的水在高温火焰的作用下，蒸发成水蒸气，瞬间弥漫开来，火焰的热量被水吸收，也防止了火焰对火箭及地面设施的损害。

图 4.11 火箭起飞时云驾雾的情景

此外，导流槽也可以防止燃气回火及燃气流冲向地面，造成溅起物危及火箭或地面设施的安全。通过合理引导火焰流向，导流槽有效地降低了发射过程中的风险，为火箭的成功升空提供了有力保障。

火箭发射时的"腾云驾雾"，不仅展示了火箭发射的壮观景象，也体现了航天科技在保障安全、提高效率方面的卓越成就。

4.11 火箭飞行如何实现最优航迹

火箭点火起飞后，也要在对的时间、对的位置做对的动作，也就是实现最优航迹。那火箭靠的是什么秘诀呢？

这就要请出今天的主角——姿态稳定系统。姿态稳定系统又称姿态控制系统，主要用于纠正火箭在飞行过程中产生的航向角、俯仰角、横滚角误差，使之保持正确的飞行姿态。简单来说，控制过程就包括两步：发现偏差，然后消除偏差。

那如何才能发现偏差呢？由于运载火箭的飞行轨迹是预先设计好的，那么只要知道火箭的位置，就能判断出火箭是否偏离既定轨迹，并且知道偏离了多少。确定火箭的位置通常使用两种方法：全球定位系统和惯性导航。

全球定位系统包括 GPS 以及我国的北斗系统，通过接收机可以接收到位置信息。

其优点是可以在长时间工作的同时保证精度的可靠，缺点是容易受到干扰。

惯性导航通过惯性器件（加速度计和陀螺仪）进行定位，主要由加速度积分得到速度，速度积分得到位置。其优点是可以在不接收任何外部信息的情况下独立运行，缺点是误差会通过积分累积传播。

火箭在飞行中，一般同时使用这两种方法，强强互补，定位效率高，很快就能发现是否有偏差，偏差数值是多少。

那发现偏差后怎样消除偏差呢？姿态稳定系统就是控制和稳定运载火箭的绕质心运动。当系统侦测到火箭的姿态偏离预设值之后，就会操纵喷管，产生一个纠正的力矩，把火箭的姿态"扳"回到科研人员希望的位置上。

姿态稳定系统包括控制单元和执行单元两部分。控制单元主要用于改变火箭的姿态以及推力，从而达到改变火箭位置的目的。执行单元就是实现这一目的的执行者，常见的手段有空气舵、燃气舵、矢量喷口等。

举例来说，试想你用手顶着一支笔，为了让笔保持平衡而不倒，你需要不停地动手（图4.12）。火箭姿态控制也与之类似，火箭通过不断调整控制自身，实现在预设的最优轨迹上稳定运行。

图 4.12　保持笔垂直不倒，需要不停地移动手

4.12　火箭发射场是怎么选的

火箭发射场是向外层空间发射火箭的特定场区，也称为航天（器）发射基地、卫星发射场、卫星发射中心等。目前我国有五个航天发射场，分别为酒泉卫星发射中心、太原卫星发射中心、西昌卫星发射中心、海南文昌卫星发射场，以及最近建设的商业航天发射场。这些航天发射场各有优势，形成了沿海和内陆相结合，高、低纬度相结合，射向范围相结合的格局。

那么，火箭发射场选址需要考虑哪些因素呢？这里结合我国五个发射场的介绍回答这个问题。

（1）酒泉卫星发射中心

酒泉卫星发射中心位于约北纬40°，纬度较高，适宜发射倾角较大的中、低轨道卫星。发射中心地处戈壁滩，人烟稀少，地势开阔，安全性好，是天地往返运输系统理想的回收着陆场所（见图 4.13）。因此，适宜发射返回式卫星。东方红 1 号卫星是从这里成功发射的。目前，该发射场承担着我国载人航天工程和航天员应急救生等任务。我国已发射的神舟飞船系列以及天宫系列空间实验室都是从这里成功发射的。

图 4.13 位于戈壁沙漠的酒泉卫星发射场

（2）太原卫星发射中心

太原卫星发射中心位于约北纬 38°，地处高原地区，群山环抱、地势高峻、安全性高，具备发射太阳同步卫星等中、低轨道卫星的条件。该发射场通常发射气象、资源等太阳同步轨道卫星和部分国外商业卫星等，其中，"风云一号""风云三号"系列卫星、资源系列卫星等都是从这里成功发射的。

需要注意的是，酒泉和太原两个卫星发射中心因为海拔比较高，可以为火箭节省不少燃料，在这里发射的火箭起飞高度就相当于在低海拔发射的火箭飞行了约 20 秒的时间。

（3）西昌卫星发射中心

西昌卫星发射中心位于约北纬 28.5°，纬度相对较低，距离赤道较近，通常发射地球同步轨道卫星等，如各类广播通信卫星、北斗导航卫星。火箭从该发射场起飞，能让卫星充分利用地球自转，消耗较少的燃料就能到达预定轨道。

（4）海南文昌发射场

海南文昌发射场位于约北纬19°，纬度低，距离赤道近，通常发射地球同步轨道卫星，承担发射空间站核心舱段、深空探测卫星等任务，将极大提高我国航天发射的综合能力（见图4.14）。海南文昌发射场临近大海，便利的海运，可以解决铁路运输所满足不了的大直径火箭运输难题；毗邻广阔海域，方便火箭航区和残骸落区的选择。

图4.14 海南文昌航天发射场，火箭在发射台上准备发射

（5）商业航天发射场

目前，中国又在海南省文昌市新建了首个商业航天发射场，旨在满足日益增长的商业航天发射需求（图4.15）。该发射场于2022年7月6日开工建设，仅用878天完成一期工程建设，填补了我国商业航天发射场的空白。

2024年11月30日，发射场成功完成首次发射任务，长征十二号新型运载火箭首飞成功。2025年1月25日，二期项目在文昌开工，计划新建两个液体火箭发射工位，以进一步提升发射能力。

从我国五大发射基地的基本情况看，可以发现火箭发射场选址发明有一些共同特点，如：气候适宜、交通便利以及便于监测等，同时不同发射场适应不同的发射任务，具有因地制宜的特性。

图 4.15　海南新建的商业航天发射场

4.13　为什么选择海上去发射

　　2024 年 6 月，太原卫星发射中心在山东附近海域成功发射谷神星一号海射型遥二运载火箭，这也是我国运载火箭首次在山东省东南海域近岸点位实施海上发射（图 4.16）。我国已有众多陆地发射场，为什么还要选择到海上去发射？海上发射地点的选择又有哪些讲究呢？

　　我国酒泉、西昌和太原卫星发射中心均在北纬 25°以北，不具备 0～13°倾角发射能力。文昌航天发射场位于北纬 19°，虽然可以执行 0～13°倾角发射任务，但将大幅损失运载能力。而我国长征十一号运载火箭具备在任意海域发射的能力，其优势在于可以低成本实施 0～13°倾角的顺行轨道发射任务。

　　海上发射更安全、更经济，轨道设计更加方便。由于远离人口稠密地区，火箭在海上发射的落区可选择范围很大，海上发射还可以缩短准备时间，为保障发射任务的成功加码。

　　海上发射可以提高火箭的运载效率。火箭理想发射地点是赤道附近的低纬度地区，火箭如果在赤道附近发射，能够最大限度利用地球自转速度，节省推进剂的消

图 4.16 在海上平台发射火箭

耗量，从而提高火箭的运载能力。而海上发射平台可以大范围移动，理论上可以移动到赤道附近发射。

此外，海上发射有利于火箭执行特殊轨道发射任务。随着信息技术的发展，人们对海上探测提出更高要求。小倾角卫星可以实现对某一地区的高频次重访，有利于数据获取。如果火箭从赤道附近发射，可以避免卫星轨道倾角变化消耗能量，既能提高火箭执行该类任务的运载能力，也能有效提高卫星的在轨寿命。

一般情况下，海上发射的地理位置选择应考虑以下因素：要选择地理位置优良的海域进行海上发射，以适应低倾角发射需求；要确保发射平台的地质结构稳定，地质条件良好；要选择气象条件适宜的海域，避免不利的气候条件对发射造成影响；良好的交通条件对海上发射尤为重要，特别是对于大型航天设备的运输而言；确保发射过程中的通信畅通对于海上发射十分重要；选择人类活动少、地形开阔的地区，可以确保发射和回收过程中的安全性。

不过，海上发射需要航天系统和海工系统紧密配合，条件比较苛刻。所以，作为火箭发射的传统手段，陆地在未来一段时间内仍是火箭发射的主战场。

第 5 章
卫星

当你仰望夜空时，可以看到许多天体，你肯定知道其中有行星和恒星。可是你知道吗？其中还有数不胜数的卫星呢。卫星是指围绕行星或恒星运行的天体，太阳系中的行星和彗星也可以看作是太阳的卫星，它们都属于天然卫星。本章，我们将重点介绍另一种特殊的卫星——人造卫星。顾名思义，它们是由人类制造并发射到太空中的。

5.1 什么是人造卫星

人造卫星是一种借助运载火箭发射至预定轨道，围绕地球或其他天体运行的航天器。通常由包括姿态控制、通信、电源、推进等系统在内的多个子系统组成，以实现自主运行和完成特定任务为目标。工程师会根据不同的轨道类型来设计人造卫星，使其能够在不同的轨道高度和倾角运行，如近地轨道、中地轨道和地球同步轨道等。

5.1.1 人造卫星的组成

人造卫星，简称"卫星"，虽然其大小形状各异，但是在不同的外表下，却都有着相似的组分，都少不了例如推进系统、电源系统、导航与控制系统、通信系统，以及科学仪器等多个关键组件。其中，大部分系统集中在一个称为服务舱的部分，而科学仪器则组成了有效载荷舱。这些模块被封装在卫星主结构单元内，彼此之间通过"线束"来相互连接，所以说线束是卫星电子系统进行通信的电气框架。

卫星功能取决于内部组成，因此不同的卫星自然构造各异，但无论何种卫星，都会有一些共同的组成部分。

（1）电源系统

卫星工作靠电能，因此电源系统对于所有卫星来说，都是至关重要、不可或缺的。卫星必须能生产并分配足够的电能，以使其各个子系统和仪器正常运行。卫星中的电能通常由太阳能电池板提供，太阳能电池板可以将阳光转化为电能，以供卫星使用和储存（图5.1）。当卫星进入遮蔽区（即位于天体的阴影中或背离太阳，导致电池板无法产生电力时），蓄电池会启动，以帮助卫星度过这段黑暗时期。根据卫星的类型，太阳能电池板可以采用传统的机翼形状（用于安装在三轴稳

图 5.1 卫星的太阳能电池板，类似地球上使用的太阳能电池板，它像帆一样可以展开或收起

定的航天器体侧），或者采用圆柱形（用于包裹在有圆柱形机体的旋转航天器周围）。

不同的卫星组件可能需要不同的电压。通常有两种方案来解决这个问题，一些卫星会选择配备中心单元，从而将太阳能电池板产生的"原始"电压转换和稳定后再分配，而另一些卫星则是选择在各个组件内部进行电压转换。

太阳能电池板的外观与地球上的类似，可以根据需要展开或收起，如图5.1所示的那种。

（2）温度与辐射防护

我们观察卫星时，首先注意到的通常是覆盖在其表面的一层金色材料，这被称为隔热层。为什么要布置这样一个隔热层呢？这是因为卫星在太空中面临着极其严酷的环境——直接暴露在阳光下的部分温度超过150℃，而处于阴影中的部分温度则下降至–150℃。而隔热层就像消防员的防护服，可以保护卫星的内部设备，使其能够在极端温差的环境中生存并正常工作。根据卫星的不同，科学家们不仅会使用金色隔热层，有时还会使用黑色或白色的隔热层（图5.2）。

此外，为了让卫星能够被火箭送入太空，卫星需要变得更轻且更坚固。需要强度的部件，通常会使用不锈钢和钛等轻量且坚固的材料；而需要特定加工的部件，则会使用铝、塑料和其他特殊材料。

卫星需要在太空极端温度条件下运行，然而太空的温度范围为–150～150℃。所以，卫星需要配备温度控制系统，以保护敏感设备免受这些剧烈变化的影响。

此外，卫星设备还需要屏蔽太空中高强度辐射的影响。这通常通过用含有铝等金属的材料包裹关键部件来实现。

图5.2 卫星包裹着金色热控锡纸，为了保护敏感部件免受太空极端温度的影响

（3）通信与数据处理系统

卫星上的通信系统需要负责接收所有来自地面的指令。这种通信通常通过不同的频率，结合天线和高增益或低增益天线进行。

指令以单个命令或在预定时间执行的指令序列的形式从地面发送。接收到的指令会通过数据处理系统进行处理，处理完成后系统将会立即执行指令或将其存储以便稍后执行。

通信系统还会将科学数据传回地球，这些数据会传到科学家们手里，同时还会传回"后勤"数据（称为遥测），使地球上的工程师能够实时监控卫星的状态。

数据处理系统包括处理器、机载存储器，以及模拟信号与数字信号之间的转换系统。在航天器到达可以将数据传送回地球的位置之前，这些数据可能需要暂时存储。例如，当太阳轨道探测器在太阳的另一侧时，将无法向地球传输大量数据。

大多数现代天线的外观类似于雨伞。卫星使用无线电波和微波进行通信，由于微波比无线电波更强，因此微波通常被用于与更高轨道的卫星进行通信。

（4）姿态和轨道控制系统

姿态和轨道控制系统，对于卫星姿态的维持至关重要，以便其能够朝向预定目标。这一能力也被用于确保卫星的太阳能电池板始终面向太阳，卫星上的仪器能够对准特定目标。姿态控制是通过电子"眼睛"（太阳传感器和星敏感器）来实现的，这些传感器可以感知太阳的位置并追踪星星，从而让卫星计算出自己的位置和朝向。然后通过合适的软件控制推进系统或反应轮，以确保航天器能正确移动或调整至最好的姿态。

大多数现代航天器采用"三轴稳定"设计，使卫星在太空中保持"直立"状态，而其他一些卫星则通过旋转来实现稳定。例如，普朗克号（Planck）航天器就会每分钟围绕指向太阳的轴旋转一次，以保持其姿态稳定。

（5）有效载荷系统

科学仪器和实验构成了有效载荷，其数量和类型取决于任务的目标以及各个载荷组件的大小。在任务正式确定之前，有效载荷的元素及其提供方通常通过公开招标的方式进行遴选。有效载荷通常由参与的用户直接提供或由其提供资金支持。

（6）推进系统

卫星所搭载的推进系统取决于其需要到达的轨道位置以及任务类型。除了由运载火箭提供的初始推进外，火箭上可能还会配备一个上面级，用于将卫星送入更高的轨道或逃逸轨道。此外，卫星本身还可能携带一个推进模块（固定式或可分离式），用于轨道机动或调整。最后，小型推进器通常用于轨道微调和轨道维持，这种操作被称为"轨道保持"。推进器的推进方式主要有以下几种：

"冷气"推进是一种最简单的化学推进方式，其系统由加压气体和喷嘴组成。当需要推力时，喷嘴打开，部分气体被喷出，以此来实现机体的机动。

太阳能电推进是一种使用离子引擎进行太空航行的替代方案。离子引擎通过喷射电离粒子提供推力，推动航天器前进。而这些被喷出的粒子，则通常由航天器太阳能电池板提供的高功率电力电离得来。离子引擎工作效率高，推力温和，可以持续数月甚至数年，只要太阳光充足且推进剂尚未耗尽即可使用。早在 2003 年，欧洲航天局的 SMART-1 探测器就采用离子推进器抵达月球。

此外，场电推进系统（FEEPs）也在不断发展。这是一种先进的静电推进概念，利用液态金属和电场产生加速度，为航天器提供推力。

（7）自主控制与故障诊断系统

人造卫星利用人工智能和自动化技术，使其能够实时监测自身状态，判断故障并采取措施，如重启或切换备份系统，进而提高任务可靠性，减少地面控制干预的需求。

对地观测卫星的关键组件见图 5.3。

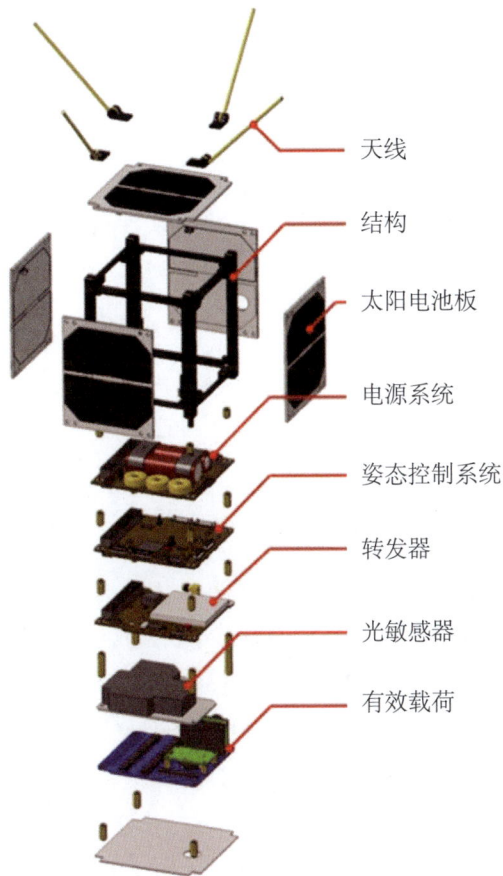

天线

结构

太阳电池板

电源系统

姿态控制系统

转发器

光敏感器

有效载荷

图 5.3 构建对地观测卫星的关键组件

5.1.2　人造卫星的主要用途

环绕地球轨道运行的卫星用途广泛，其中超过一半是通信卫星，被广泛用于电视、电话、广播、互联网以及军事应用，这些卫星大多分布在地球同步轨道上。但是，美国 Space X 公司计划在低轨道上部署约 4.2 万颗卫星用于网络通信（也即星链），这改变了通信卫星的分布情况。此外，太空中的数千颗卫星还被用于地球与空间观测、科学研究、技术开发与验证，以及导航和全球定位。图 5.4 给出了卫星几种常见用途的占比统计情况。

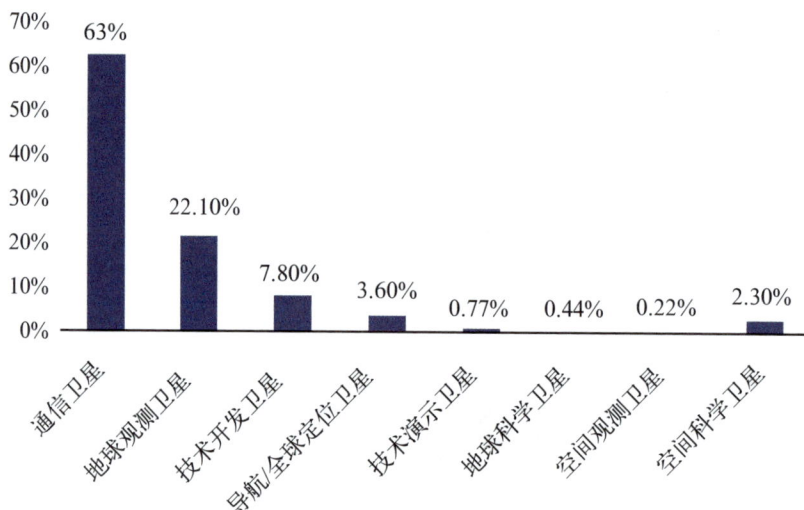

图5.4　在轨运行的卫星几种常见用途的百分比分布

在没有人造卫星之前，电视信号无法传播太远，并且只能沿直线传播，因此不能随着地球的弧度延伸传播，有时还会被高山或高楼阻挡。打电话到遥远的地方同样面临问题，因为铺设长距离电话线或水下电话线既困难又昂贵。而通信卫星的出现改变了这一切，通过卫星转播，电视信号和电话信号几乎可以覆盖地球上的任何角落。

此外，卫星的鸟瞰视角能够一次观测地球的大范围区域，从而更快速、更高效地收集地球数据，这些是地面上的任何设备都难以望其项背的。

同时，卫星相比地面望远镜也能更清晰地观测太空，因为它们能够飞越云层，避开大气中的灰尘和分子阻挡，有着比地面设备更优越的观测环境。

5.1.3　怎样观测在轨运行的人造卫星

在夜空中观测人造卫星其实很简单。卫星虽然看起来很像星星，但有一些重要的区别。与看似静止的星星不同，卫星会以均匀的速度沿直线穿过天空。此外，与星星和飞机不同，卫星的光线不会闪烁或忽明忽暗。比如，国际空间站（ISS）看起来像卫星，但亮度更高。实际上，除了月亮之外，国际空间站是夜空中最亮的天体（图 5.5）。

图 5.5 空间站在夜空中非常显眼

如果想了解当前有哪些卫星在轨，可以访问 Space-Track 网站，这个网站给出了大约 19300 颗环绕地球运转的物体轨道位置，这些物体包括卫星和太空垃圾（如废弃的火箭助推器）。

5.2 人类第一颗人造卫星诞生的故事

第二次世界大战结束后，美国和苏联开展了一场和平竞赛，两个国家分别组织了一批科学家和工程师，并投入了大量经费，进行太空探索。

1955 年，美国公开宣布：要在 1957 年的"国际地球物理年"发射人造卫星。苏联的火箭总设计师科罗廖夫从收音机里听到美国这一消息时，心情焦灼不安，他在房间里急躁地走来走去，美国人准备在两年内发射人造地球卫星的计划大大激发了他那强烈的使命感。没有时间再考虑了！他立即奋笔疾书，写了一份关于加快研制苏联人造地球卫星的计划。

苏联领导人赫鲁晓夫很快批准了科罗廖夫的报告，科罗廖夫受命于非常时刻，他深知这是一项极其重要而且特殊的使命，容不得半点马虎。他马不停蹄率领一批火箭专家、高级技术人员，开始了一场争分夺秒的战斗。

科罗廖夫知道，要把人造卫星送入绕地球运行的轨道，必须拥有具有足够推力的运载火箭。但是，他们只有单级火箭，而单级火箭的推力显然远不足以发射人造卫星。

怎么办？

科罗廖夫苦苦思索着。突然，他想到了"火箭之父"齐奥尔科夫斯基，为什么不利用他的"火箭方程"，设计双级、多级火箭呢？

"双级、多级火箭？"

"对！就像火车一样，一列火车可以有 10 节车厢，也可以有 15 节车厢，就看载客量大小而定。这火箭，是不是也可以来个'列车'呢？"科罗廖夫说。

他顿时豁然开朗，开始设计具有大推力的运载火箭。在研制过程中，他不断完善多级火箭的设想，提出串并联或并联的方式组成多级火箭或捆绑式火箭。

眨眼间，两年过去了，科罗廖夫的研制计划迎来了落地实践这一关键的时刻。1957 年 10 月 4 日夜晚，在卫星发射基地的正中央，矗立着一枚巨大的两级火箭。在强烈的探照灯光照射下，它是那么地耀眼，就像一柄利剑，傲然指向神秘莫测的苍穹。

发射的时刻终于到来了。

随着"轰"的一声巨响，在耀如白昼的火光中，火箭冲天而起。

发射成功了！科罗廖夫和同伴们相拥而泣。

火箭载着世界第一颗人造地球卫星"Sputnik Ⅰ号"（图 5.6），将其送入了太空的地球轨道。

图 5.6 人类的第一颗人造卫星"Sputnik Ⅰ"号

5.3 有关卫星那些事儿

大多数卫星是通过火箭发射进入太空的，当火箭速度大于第一宇宙速度时，卫星就可以绕地球旋转。如果小于／大于第一宇宙速度，卫星就会以抛物线／抛物线的形式回落到地球／脱离地球引力束缚。距离地面的高度不同，卫星运行的速度也是不同的。目前人类发射的大部分卫星，都是运行在近地轨道空间。在我们生活的地球外圈有很多特殊轨道，如地球静止轨道、大椭圆轨道、太阳同步轨道、极地轨道、闪电轨道等，在这里仅仅介绍一下"地球静止轨道"和"极地轨道"（见图5.7）。

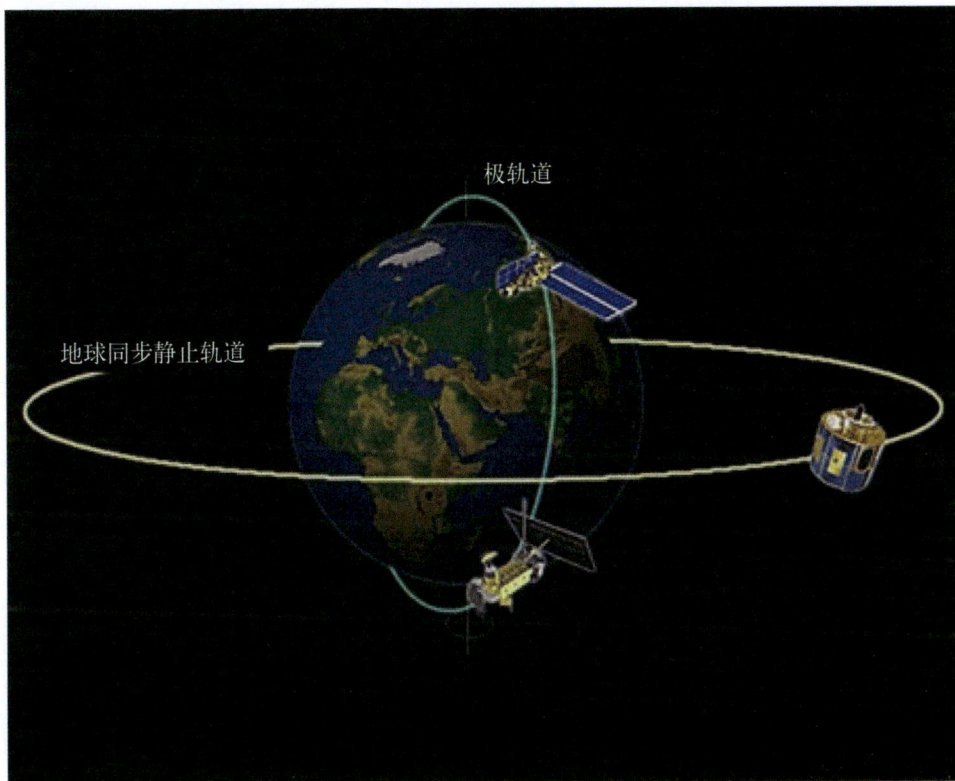

图5.7 两种特殊类型轨道

地球静止轨道，距离地面高度为35786千米，在赤道上从西向东运行。我们从它名称上不难猜出来，从地球上看，地球静止卫星看起来好像总是站在同一个位置上，就像静止在空中了一样。

极地轨道，从北极到南极的南北方向行进。随着地球旋转，这个轨道的卫星可以扫描整个地球。

卫星的尺寸各不相同。一些立方卫星（CubeSat）只有 10 厘米大小。而一些通信卫星长度约为 7 米，且太阳能板可再延伸 50 米。最大的人造卫星是国际空间站（ISS）。其主体部分相当于一座大型五居室的大小，如果包括太阳能板在内，其总体尺寸将与一个橄榄球场相当。

5.3.1 卫星的种类

卫星主要有以下几类。

（1）导航卫星

全球定位系统（GPS）由至少 24 颗卫星组成（最多可达 32 颗），这些卫星在绕地球表面 20000 千米的高度轨道运行。通过接收来自四颗卫星的信号的时间差，来计算出 GPS 接收器在地球上的精确位置。

（2）通信卫星

这些卫星用于电视、电话或互联网传输。例如，Optus D1 卫星位于赤道上空的地球同步轨道，覆盖了整个澳大利亚和新西兰，可以为其提供信号。

（3）气象卫星

这些卫星用于拍摄云层影像，并测量温度和降水量。根据气象卫星的类型，可能使用地球同步轨道或近地轨道。气象卫星的使用可以提高天气预报的准确性。

（4）地球观测卫星

这些卫星用于拍摄和成像地球。主要在近地轨道上运行，以便获得更详细的图像。

（5）天文卫星

这些卫星用于监测和成像太空。例如，韦布太空望远镜可以提供非常清晰的恒星和遥远星系的图像。它的轨道高度介于约 250000 千米和 832000 千米之间，这样它就能避开地球和月亮的阴影。

（6）空间站

空间站是一个可居住的太空实验室。国际空间站位于距地 400 千米的高度，以 28000 千米 / 小时的速度运行，每 92 分钟绕地球一圈。ISS 内的科学家可以在微重力环境中进行许多宝贵的实验。中国空间站轨道高度为 400～450 千米，是我国建成的国家级太空实验室。

5.3.2 卫星轨道与任务的关系

在近地空间环境里，卫星运行轨道可以划分为低轨道、中轨道和高轨道，至于卫星运行哪个轨道上，完全取决于卫星任务，它们之间具体关系见表5.1。

表5.1 卫星轨道高度与任务的关系

轨道	高度/km	速度/(km/h)	轨道周期	转数/天	功能
低轨卫星	小于100	28000	90～128min	11+	地球观测、气象卫星
空间站	370～460	27580	90～93min	16+	地球观测
中轨卫星	2000～35786	11000～28000	2～24h	1～12	导航、通信火和对地观测
GPS卫星	20200	14000	12h	2	导航
静止轨道卫星	35786	10800	23h56m4.09s	1	通信、气象和导航

5.3.3 为什么卫星不会互相碰撞

卫星碰撞是很少见的，因为当卫星发射时，一般是让新部署的卫星避开已经在轨运行的卫星。但是由于在轨卫星受到地球摄动力的影响，所以轨道也不总是一成不变的，所以随着越来越多的卫星进入太空，碰撞的可能性也随之增大（图5.8）。

2009年2月，有两颗通信卫星，其中一个是美国的卫星，另一个是俄罗斯的卫星，在太空中相撞。不过这次撞击被认为是一次意外的相撞。

图5.8 卫星相撞的艺术绘画

5.3.4 去火星的轨道怎么计算

2020 年，美国和中国分别发射了火星探测器，那么，为什么 2020 年发射呢？难道探测器去火星还喜欢结伴而行吗？当然不是，原因很简单，火星探测器发射是受发射窗口约束的，错过了火星探测窗口，则需要再等待 26 个月。

那么，怎样确定火星发射窗口呢？太阳系是一个被太阳引力牢牢束缚住的天体系统。地球处在太阳系较内侧的位置，与太阳平均距离约为 1.5 亿千米，即 1 个天文单位。太阳占据了太阳系质量的 99.9%，地球质量仅为太阳的约 33 万分之一。由于太阳引力过于强大，任何行星的引力都无法与之较量，它们引力主导的影响范围被太阳压缩到一个极小的空间，这就是希尔球。以地球为例，它的希尔球半径约 150 万千米，仅相当于日地距离的 1%。出了这个范围，就是太阳引力的主导空间。

人类的绝大部分深空探测任务，起点都是地球。探测器需要先摆脱地球引力的影响，然后还必须面对强大的太阳引力。登陆天体和我们在路上行驶不一样，探测器必须提前计算好轨道，否则失之毫厘、差之千里，探测器就会成为太空中游荡的"孤独者"。

由于火箭运载能力的不同、载荷质量的大小和任务不同，探测轨道会有不同的设计。虽有各种各样的轨道，但一般还是以霍曼转移轨道为基础。

霍曼转移轨道是德国物理学家瓦尔特·霍曼在 1925 年提出的（图 5.9），一般认为这个轨道是最节省燃料的，但也是最费时间的。在目前化学能主导的火箭水平的

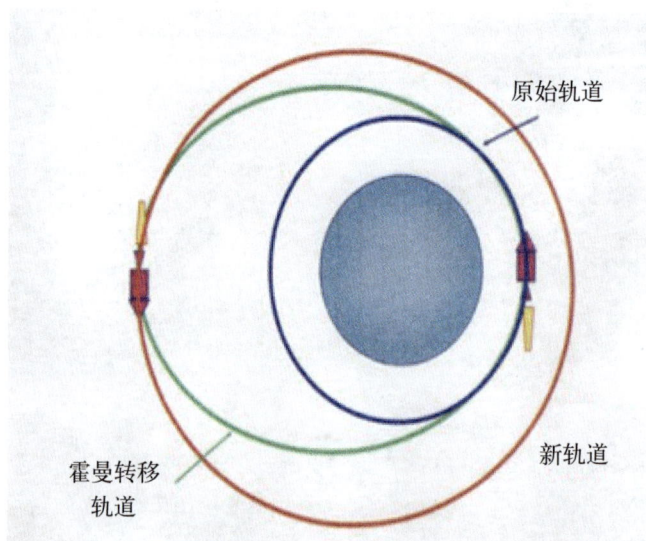

图 5.9　霍曼转移轨道

约束下，用最节省能量的方式战胜太阳引力并顺利抵达火星，是选择探测窗口的最主要方法。

霍曼转移轨道是一个两次加速的过程，首先将探测器发射到原始轨道，然后加速，探测器由圆轨道变为椭圆轨道（霍曼转移轨道）。当达到远拱点后加速，探测器就会进入圆轨道（新轨道）。由于加速是逐步完成的，所以这个过程需要额外的燃料来进行补偿。理想的霍曼轨道是在两个圆形轨道之间进行的，并且发射点和着陆点正好呈180度。根据理想模型，我们可以计算一下为什么探测火星有一个窗口期。

根据天文学家开普勒的行星运动得到的三大定律，行星距离太阳越远，运动速度就越慢，环绕太阳一周的距离也会越长，最终环绕太阳的轨道周期越长。地球公转周期约为365天，火星公转周期约为687天，且它们的轨道均不是正圆形。这意味着地球和火星之间的距离在时刻变化，从5500万~4亿千米不等。

对于一个小天体围绕大天体运动的情形，它的总能量等于势能加上动能之和。根据开普勒第三定律，我们可以得出霍曼轨道运行周期的一半就是霍曼转移时间，即259天。也就是说，探测器发射成功后需要7、8个月的时间才能到达火星。

现在我们知道了探测器飞行的时间，那么只要在探测器到达远拱点时，火星恰好也到达那个点就可以了，所以我们需要选择一个恰当的时机发射探测器，才能让它们同时到达那个点。火星在259天里运动了136°角，而地球运动了180°角，所以我们只要在地球和火星呈44°角时发射就可以了。

地球每天的公转角约为360/365=0.9863°，火星约为360/687=0.5240°，所以当下次到达夹角44°的位置时，时间约为26个月。这就是为什么错过黄金期，就要再等26个月。

从几何角度也容易理解。假设二者都是圆轨道，在780天内地球运行了2周49°角，火星运动了1周49°角。从地球的视角来看，每隔大约26个月，就会和火星最接近一次，这叫作会合周期。如果利用这个窗口期，在二者会合发生数月前提前发射火星探测器，就会最大程度降低对火箭的能力要求，提高任务成功率。

5.4 中国进入航天时代——"东方红1号"的诞生

1958年5月，毛泽东主席在中国共产党八届二中全会宣布："我们也要搞人造卫星。"1965年，中央正式决定研制第一颗人造地球卫星的项目计划，项目代号"651工程"。

为了保证"东方红1号"的发射，从1965年起，中国开始重新建造可以发射多级火箭和人造地球卫星的发射场。1966年底，酒泉基地开始建设。

1969年8月27日，第一枚两级试验火箭竖在发射架上，在火箭竖起的当天，便狠狠惊动了美国和苏联。他们关注的绝不仅仅是卫星，更关注的是火箭究竟能打多远，如果火箭能使卫星脱离地球引力束缚，则说明中国已经具备了发射洲际导弹的能力。9 月 3 日，两枚中远程火箭运抵酒泉卫星发射基地。11 月 1 日，酒泉卫星发射基地收到"东方红 1 号"卫星发射任务，并开始发射前的准备工作。

1970 年 1 月 30 日，第二枚两级试验火箭发射成功。一、二级火箭分离成功，并高精度地击中目标。2 月 4 日，长征一号火箭从北京总装厂乘专列出发，几天后安全运输到酒泉基地。

1970 年 4 月 1 日，装载着 2 颗东方红 1 号卫星和一枚长征一号运载火箭的专列抵达酒泉卫星发射场。1970 年 4 月 24 日 10 点，运载火箭一、二、三级工作正常，卫星与火箭分离正常，卫星准确入轨。卫星运行轨道近地点高度 439 千米，远地点高度 2384 千米，轨道倾角 68.5 度，轨道周期 114 分钟。一时间，东方红 1 号卫星播送的《东方红》乐曲响遍全球，震惊了世界。

东方红 1 号卫星（见图 5.10 所示）的成功发射使中国成为世界上继苏联、美国、法国和日本之后，第五个，完全依靠自己的力量成功发射人造卫星的国家。虽然东方红 1 号卫星比苏联发射的第一颗人造卫星晚了 13 年，但它的质量超过了前四个国家第一颗卫星质量的总和。从此，中国正式进入了航天时代。

图 5.10 东方红 1 号卫星

5.5 "北斗"系统与 GPS 有啥不同

目前，世界总共有四大导航星座，这包括美国的 GPS、俄罗斯的 GLONASS、欧洲的 GALILEO 和中国的"北斗"。其中"北斗"是中国自主建设的卫星导航系统，自 2012 年开始服务于亚太地区以来，一直受到全世界的广泛关注，并且已经从世界的第四位跃升到第二位。同美国的 GPS 一样，"北斗"卫星导航系统也是由空间端、地面端和用户端三部分组成，可以全天候、全天时地为各类用户提供高精度定位和授时服务。

20 世纪后期，中国开始探索适合国情的卫星导航系统发展道路，逐步形成了三步走发展战略：2000 年年底，建成"北斗"一号系统，向中国提供服务；2012 年年底，建成"北斗"二号系统，向亚太地区提供服务；计划在 2020 年前后，建成"北斗"全球系统，向全球提供服务。2035 年前还会将其建设完善成一个更加泛在、更加融合、更加智能的综合时空体系。

按照设计方案，"北斗"卫星导航系统的卫星部署在中、高和低轨道上，形成一种混合轨道星座系统，它拥有 35 颗卫星，包括 5 颗静止轨道卫星和 30 颗非静止轨道卫星，30 颗非静止轨道卫星包括 27 颗中轨道卫星和 3 颗倾斜同步卫星。27 颗中轨道卫星平均分布在倾角为 55°的三个平面上，轨道间距为 120°，轨道高度为 21500 千米，卫星运行周期为 12 小时 50 分钟。而 GPS 系统中的 24 颗卫星则部署在中轨道的六个轨道面上，信号强度弱。

"北斗"系统提供一般服务区域精度 20 米、重点服务区域精度 10 米的定位服务；测速精度 0.1 米/秒的授时服务。"北斗"系统还具有单向和双向两种精密授时功能，依据具体的精度需求，利用定时用户终端，完成其与北斗卫星导航系统之间的时间和频率同步，提供单向精度 50 纳秒（1 纳秒 $=1\times10^{-9}$ 秒）、双向精度 10 纳秒的时间同步精度。

对比 GPS 的定位 15 米标准精度，"北斗"的 10 米内精准定位显然更有吸引力；"北斗"的授时比比 GPS 少了 4 纳秒误差，可千万不要小看这个小差距：GPS 系统的用户实际使用时，因为卫星读取、信号损失、用户行处理等过程，授时变成了 100 纳秒的误差。

"北斗"系统与其他卫星导航系统相比，最大的特色在于"北斗"系统用户终端具有双向报文通信功能，用户可以一次传送多达 120 个汉字的信息。在远洋航行中有重要的应用价值。这一功能是其他导航系统所不具备的。

5.6 什么是对地观测卫星

5.6.1 对地观测卫星的种类

对地（地球）观测卫星是从太空观察地球上发生的各种现象的卫星，根据观测任务不同（例如自然现象的观测、灾害监测、人类活动引起的地球变化等），所配备的传感器也有所不同。

观测卫星的结果是以图像或观测数据的形式提供，可解读为有关地球的各种信息。这些数据被有效地用于监测地球环境变化以及研究问题之用。

另外，卫星数据所显示的信息会因所配备的传感器不同而存在差异。传感器主要分为两类：光学传感器和微波传感器。

（1）可见光和近红外传感器

通过捕捉物体反射阳光的可见光和近红外波，识别物体的数量和类型。因此，这种传感器无法在云层覆盖或夜间进行观测。主要可以获取地表信息，例如植被/城市区域的分布、海洋的颜色等。

（2）热红外传感器

捕捉被阳光加热的物体发出的热红外波。如果没有云层，甚至可以在夜间观测地球表面。主要可以获取陆地和海洋表面温度、火山活动状态和野火情况等信息。

（3）激光雷达

通过发射可见光到近红外范围的光线，并测量从物体反射回来的强度、时间以及波长的变化，精确测量物体的距离及其状况。主要可以获取森林树高、冰盖厚度、风速等信息。

（4）合成孔径雷达

向物体发射微波，通过其反射波的强度和相位捕捉地表状况。微波可以穿透云层，因此无论白天、夜晚或天气条件如何，都可以进行观测。主要可以获取火山和地震活动引起的地形变化、森林砍伐状况、淹水区域以及船只移动等信息。

（5）微波辐射计

通过捕捉地表和大气自然发出的微波，不受天气条件影响，可全天候观测水和能量循环的地球物理量。主要可以获取海面温度、大气中水汽含量、降水量、海冰分布、积雪厚度等信息。

5.6.2 对地观测卫星的轨道部署

轨道是包括对地观测卫星在内的各种卫星绕地球飞行的路径。轨道类型多样，卫星的轨道选择取决于其用途。

对地观测卫星通常采用太阳同步轨道，这也是一种极地轨道（穿越极地区域的轨道）类型。太阳同步轨道从地球上看，轨道平面与太阳的夹角始终保持恒定 / 在相同的地方飞行时总是保持相同的地方时间。

当卫星在太阳同步轨道上飞行时，太阳光照射地球表面的入射角在观测过程中几乎保持恒定。因此，可以相对均匀地观测到地表的辐射和反射量，并且可以以固定的时间间隔观测相同的区域。卫星环绕地球一周的周期和重访时间（即卫星再次经过同一地点所需的天数）因轨道的高度和倾角而异。

此外，地球同步轨道是一种与地球自转保持恒定相对关系的轨道。因此，卫星始终观察地球上的同一地点。主要是气象卫星、广播卫星和通信卫星使用这种轨道。

5.6.3 对地观测卫星的分辨率

分辨率是一个用来表示对地观测卫星上相机能够区分地面物体程度的词语。分辨率越高，越能够观测地面的细节（图 5.11）。因此，分辨率也被称为"空间分辨率"。

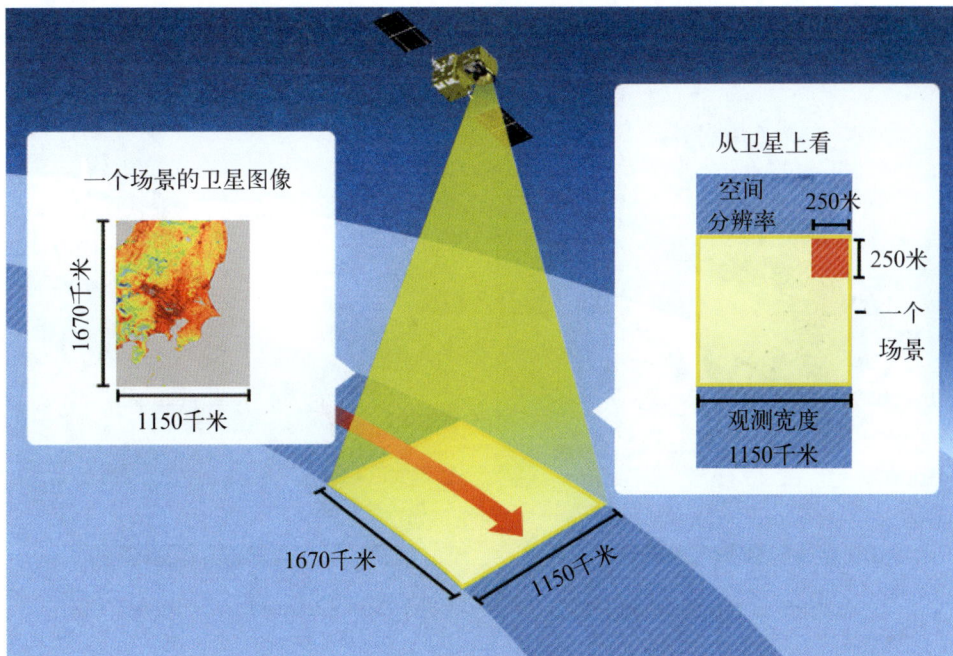

图 5.11 空间分辨率

图 5.12 是使用不同相机对同一区域进行观测的结果，可以根据传感器的分辨率和特性发现视角上的差异。图 5.13 是不同分辨率在不同云层下对地观测结果的比较。

图 5.12 针对同一地区，卫星利用不同相机
（分辨率分别为 2.5 米和 0.8 米）拍摄照片

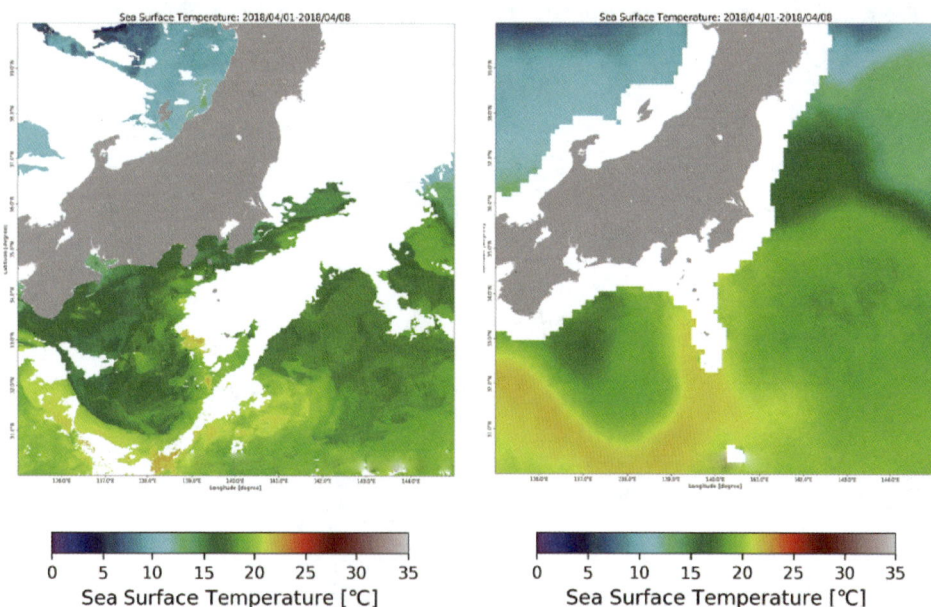

图 5.13 分辨率高（250 米），但在云层下无法进行精确观测（左）；
分辨率低（50 千米），但除强降雨外均可进行观测（右）

5.6.4　对地观测卫星的观测宽度

在许多情况下，观测宽度是指对地观测卫星上传感器可以观测的范围（轨道垂直方向的宽度）。观测宽度也被称为"扫描带宽"。卫星沿轨道对扫描带宽范围内的区域进行观测后，将图像裁剪成方便使用的尺寸（称为"场景"）。卫星图像的扫描带宽和单个场景的尺寸因传感器类型的不同而有所差异。

例如，可以比较全球变化观测任务——气候 GCOM-C 卫星捕捉的可见光图像和热红外图像。可见光传感器的扫描带宽为 1150 千米，而热红外传感器的扫描带宽为 1400 千米。由此可见，即使在同一颗卫星上，由于搭载的传感器不同，也会存在扫描带宽等方面的差异。图 5.14 给出了同一天 GCOM-C 卫星上传感器扫描带宽的差异

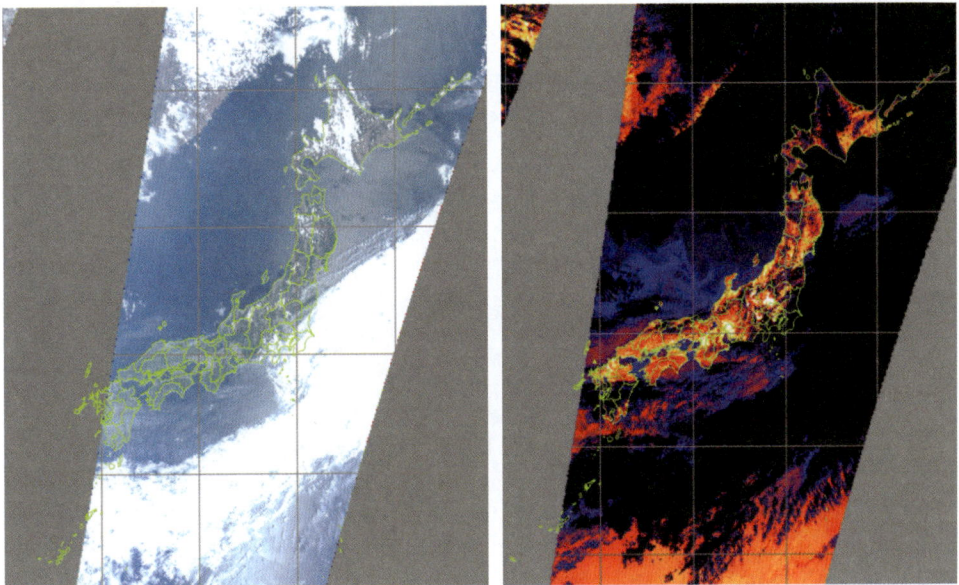

图 5.14　左图为可见光观测图像（扫描带宽为 1140 千米），
右图为红外观测图像（扫描带宽 1400 千米）

5.6.5　从对地观测卫星数据中可以发现什么

从对地观测卫星数据中，可以获得以下典型信息（图 5.15）：

① 气溶胶　数据用于气溶胶预报，包括沙尘、PM2.5 等，同时用于提高全球变暖预测模型的准确性。

② 温室气体　全球范围内观测大气中的温室气体。数据用于了解温室气体的动态变化，并估算人为排放的二氧化碳量。

③ 台风与降雨　数据用于提供与天气相关的信息，如降雨强度、台风状况以及

导致降雨的大气水汽分布。数据也有助于揭示全球气候变化。

④ 海洋污染　可以观测到油泄漏等引起的海洋污染分布状况。

⑤ 海冰状况　可以观测海冰的分布及其移动情况。

⑥ 海表温度和浮游植物密度　数据用于监测海洋环境、分析波动过程并预测渔业资源。

⑦ 地震　数据用于地壳变化和地面变形的异常检测、地震发生机制的研究，以及自然灾害损失状况的评估。

⑧ 洪涝　数据用于估算洪水和海啸引起的淹水范围，评估洪水情况并支持防灾活动。

⑨ 火山活动　数据用于监测活火山，并评估火山喷发时的损失情况。

⑩ 森林砍伐　通过使用 SAR（合成孔径雷达），即使在热带多云区域，也可以穿透云层进行观测。数据用于检测森林砍伐情况。

⑪ 土地利用　可以观测土地的利用情况，如城市地区、森林、农田等。

⑫ 植被　可以观测森林、草原等的分布和变化，并获取森林资源相关的信息。

⑬ 地形　可以确认复杂地貌、特色山脉和遗址等。

⑭ 地表温度　可以观测地表温度的季节变化和昼夜变化，同时作为与生态系统相关的环境信息加以利用。

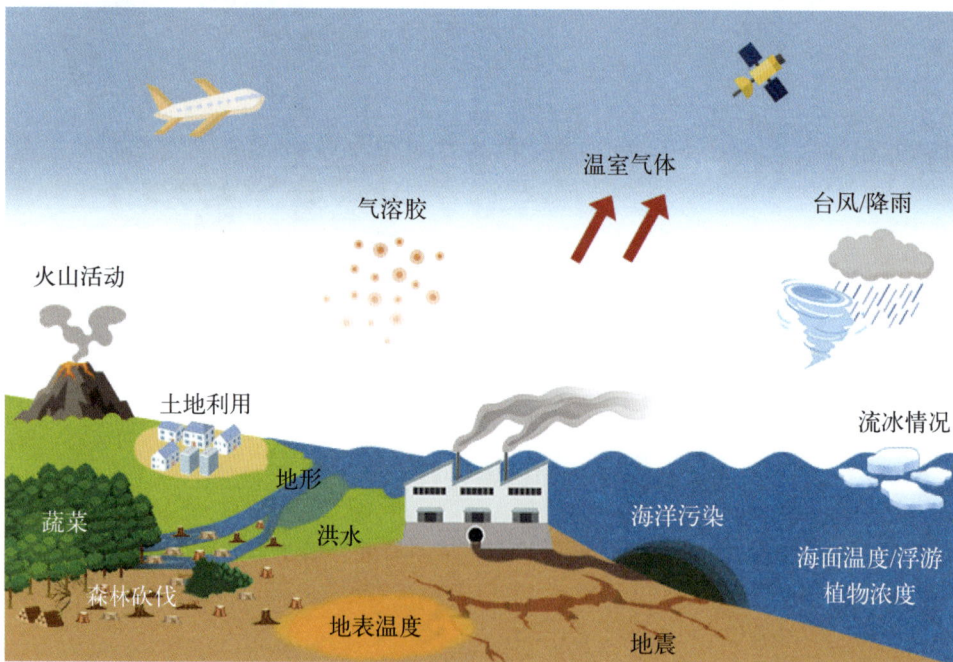

图 5.15　地球观测卫星可以获得的信息

第 **6** 章

载人航天工程

6.1 "阿波罗"飞船

月球一直强烈地吸引着人们，人类自古以来就有不少幻想去月宫的故事，最早的可以追溯到大约 2000 年以前。在航天时代之前，想要到达月球，简直是天方夜谭，人们只能望"月"兴叹了。文艺复兴时期的伽利略是第一个用望远镜观测月球的人，他发现月球上有一些大而黑的平原（当时，他给这些平原命名为"海"），平原上交错覆盖着山脉和环形山，又形成较明亮的区域。直到 20 世纪 80 年代，人类才得以借助飞船看清月球。

6.1.1 阿波罗计划是怎么创造出来的

1961 年 4 月 12 日，苏联加加林宇航员乘坐东方 1 号飞船进入了太空轨道，并在太空驻留了 108 分钟后安全地返回地面，完成了世界上首次载人宇宙飞行，实现了人类进入太空的愿望，成为世界上第一个进入外层空间的宇航员。而 1961 年 5 月 5 日，美国宇航员谢泼德乘坐"水星 - 红石座"飞船只是进入地球亚轨道飞行（图 6.1）。

三周之后，美国总统肯尼迪在向国会提出的国情咨文中坚定地宣布（图 6.2）："我认为，我们国家应该在十年内，把人送上月球并使其安全返回。"

图 6.1 苏联的加加林（上）和美国的谢泼德（下）

图 6.2 肯尼迪总统宣布美国十年之内要把人送到月球的计划

6.1.2 "一小步"的距离有多远？

阿波罗载人登月计划在 1961 年到 1972 年期间一共有九批宇航员赴月球探险，其中六次总共 12 名宇航员登上月球。阿波罗月球探险可以看作为人类向太阳系扩张的第一步，是许多国家的科学家和工程师都对有关的基础理论做出的贡献。从这个意义上看，阿波罗计划的辉煌也是国际性。

1969 年 7 月 20 日，美国阿波罗 11 号飞船的登月舱着陆在月球静海玄武岩上。

阿姆斯特朗走下 9 级梯子，踏上月球，并宣告："对个人来说，这是一小步，但对于人类来说，这是一大步。"

在地月通信的实况话音传送中，没有定冠词 "a"，后来在录音中加了 "a"，所以后来就变成了"一个人的一小步"。阿姆斯特朗的这一小步是指梯子和月面的那段需要跳下去的一点点距离（图 6.3）。

图 6.3 阿姆斯特朗正在跳下梯子的最后阶梯（一小步）

6.1.3 为实现登月设计的飞行器

阿波罗飞船总重约 45000 千克，由三部分组成，分别是指挥舱、服务舱和登月舱（图 6.4）。

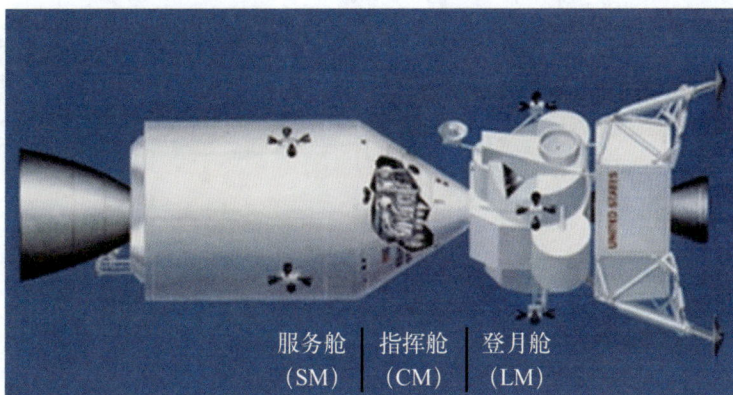

服务舱 ｜ 指挥舱 ｜ 登月舱
(SM) ｜ (CM) ｜ (LM)

图 6.4 阿波罗飞船

（1）指挥舱

指挥舱为圆锥形，也是飞船的母船。它长 3.2 米、直径 3.9 米、重 5937 千克，带有 12 个反作用控制系统发动机。指挥舱是宇航员生活和工作的地方，生活空间是 59.4 立方米，装有各种控制操纵仪器、宇航员的装备、食物、水和废物处理设备等。

（2）服务舱

服务舱为圆筒形，它长 7.4 米、最大直径 3.9 米、重 24528 千克。它带有推进系统、反作用控制系统。它紧连指挥舱下面，是飞船的机房和仓库，主火箭、燃料、电源装置和氧、水等供应品统统都在这里。飞船进入月球轨道、绕月飞行时变轨以及返回地球时脱离月球轨道都靠主火箭的推力来实现。

（3）登月舱

登月舱（图 6.5）是一种二段的自给自足的飞船，分下降段和上升段两大部分，各自配备有发动机。它由 4 根悬臂式登月支柱撑着，高 6.98 米，在各种地面上都可以支撑 14965 千克重的登月舱，在其中一根支柱上装着梯子，在飞行期间 4 根支柱收起来像个昆虫。

登月支柱固定在下降段上，下降段带着一台可调推力的发动机。在月球上，下降段还可作为上升段的发射平台。上升段里有加压舱、制导和导航系统以及推力可调的火箭发动机。当登月舱上升段连接在一起时，宇航员可以通过通道进出上升段。在月球上，宇航员减掉座舱的压力，打开舱门，穿着笨重的航天服爬到一个小"门廊"上，沿着下降段的梯子爬下，跳到月面上。

图 6.5　登月舱

宇航员完成月面上的活动后，便爬进上升段，用绳子和滑轮把采集到的月球土样提到上升段里，封好舱门，重新加压、启动上升段发动机，上升段飞起。上升段的飞起要选择在最好时机，才能与指令舱会合。

（4）月球车

在阿波罗 15 号飞船中还带有一辆月球车（图 6.6）。车上安装了电视摄像机、无线电收发信机和里程仪等，宇航员可以乘坐它在月面考察。月球车好像一辆沙滩用的自动小车，然而它却是一辆专门研制的特种月球车，能在真空、温度过高和过低以及非常困难的地形下工作。为了减少重量，这辆车用铝材料制造，它具有独特的织网式金属丝车轮。在飞行期间，折叠起来放在宇航员用来下到月面上的梯子的后面。它的底盘分三段，用铰链连着，4 个轮子装在车轴上，相对折叠着的底盘几乎平卧着，整个车的体积只占有 0.85 平方米。

图 6.6 阿波罗 15 号飞船携带的月球车

6.2 国际空间站

6.2.1 认识国际空间站

国际空间站（International Space Station）是由美国、俄罗斯、日本、加拿大、巴西和 11 个欧洲航天局（英文：European Space Agency，简称欧空局或 ESA）成员国等 16 个国家联合研制的长时间运行、可供多名宇航员长期工作和生活的载人飞船，如图 6.7 所示。

图 6.7　国际空间站

国际空间站是目前人类建造的最大的空间站，其质量为 400 多吨，长约 110 米，宽 88 米，运行在距离地球最近时为 379.7 千米、最远时为 403.8 千米的椭圆轨道上。其运行轨道平面与地球赤道平面的夹角为 51.6°，围绕地球转一圈需要 90 分钟。

从图 6.7 可以看到，国际空间站采用桁架挂舱式方式连接，即桁架为主结构，相当于"房梁"，其他舱段挂靠在桁架上。这些舱段包括居住舱、节点舱、服务舱、实验舱、功能货舱。另外，太阳能电池板、移动服务设施，以及暴露在外面的试验设施等，也都是挂在桁架上。表 6.1 给出了国际空间站各个舱组成的情况介绍。

表 6.1　国际空间站各个舱段的功能

舱段名称	发射时间	所属者	主要功能
曙光号功能舱	1998.11.20	俄罗斯	它是空间站的基础，提供电源、推进、导航、通信、姿控、温控、充压等多种功能
团结号节点舱	1998.12.4	美国	它充当对接口，连接未来升空的其他舱
星辰号服务舱	2000.7.12	俄罗斯	它由过渡舱、生活舱和工作舱等 3 个密封舱和一个用来放置燃料桶、发动机和通信天线的非密封舱组成。生活舱供宇航员洗澡和睡眠，舱内有带冰箱的厨房、餐桌、供宇航员锻炼身体的运动器械。舱体上有 14 个舷窗，可供宇航员眺望浩瀚的星空。它还配有定位和电视联系系统，可保障服务舱与俄罗斯科罗廖夫地面飞行控制中心和美国休斯敦地面飞行控制中心的直接联系。它共有 4 个对接口，可用于接待载人飞船或货运飞船

舱段名称	发射时间	所属者	主要功能
命运号实验舱	2001.2.7	美国	它是空间站成员在接近零重力的状态下执行科学研究任务的基地，也是空间站的指挥和控制中心
和谐号节点舱	2007.10.23	意大利	提供空气、电能、水和其他系统支持太空站其他八个舱组，并连接哥伦布实验舱及希望号实验舱组
哥伦布实验舱	2008.2.7	欧空局	这个里舱装备有多种实验设备，可以开展细胞生物学、外空生物学、流体和材料科学、人类生理学、天文学和基础物理学等多方面的实验
希望号日本实验舱	2008.3.11	日本	这里可以开展一些太空微重力实验，另外开展一些医药、生物、生物技术和通信等领域的科学实验
宁静号节点舱	2010.2.8	美国	这个节点舱里装备了太空中最先进的生命维持系统，这些系统将能循环利用废水，循环利用后的水能供宇航员使用并能同时产生氧气供宇航员呼吸。另外，还装备有空气再生系统能净化舱内的空气。并为空间站提供一个观测和操控用的窗口。还有一个供乘员使用的太空厕所
莱奥纳尔多号永久性多功能舱	2011.2.24	意大利	为空间站运送必需的物资，再将空间站上的废弃物带回地面

6.2.2 国际空间站寿命到何时

国际空间站是最大的在轨运行空间装备。令人尴尬的是，近年来航天爱好者对它的主要关注点是：它还能"续命"到何时？回答此问题不容易，需要从多角度仔细考量。

国际空间站寿命从哪年算起？

1998 年 11 月 20 日，国际空间站的首个组件——曙光号功能舱发射成功。2000 年 10 月 31 日，1 名美国宇航员和 2 名俄罗斯宇航员搭乘俄罗斯联盟号飞船升空，并于 11 月 2 日抵达国际空间站。严格地说，第二个事件标志着国际空间站应用时代开启。3 位宇航员在太空生活、工作了 136 天后，迎来"接班者"，这种工作模式一直持续至今。因此，计算国际空间站的寿命一般以 2000 年为起点。

按照最初计划，国际空间站应该在 2015 年退役，后来陆续延迟到 2020 年、2024 年。俄乌冲突爆发前，俄方建议国际空间站服役到 2028 年，美方却坚持让它在 2030 年后退役，都与本国的后续空间站计划有关。

从技术角度看，国际空间站其实是很结实耐用的。毕竟金属结构和电子设备都配有精密的热控系统，材料又经过"千锤百炼"，老化速度非常缓慢。空间站的寿命更多取决于能源与动力，一旦没有能量，失去轨道维持和机动能力，就会像陨石一样漂泊在太空，最终慢慢坠入大气层。但国际空间站可以通过飞船补给燃料并提升

图 6.8　国际空间站最终会在三艘俄罗斯飞船的帮助下，变轨再入大气层，最终坠入南太平洋示意

轨道，老化的舱段和太阳翼也能更换，从理论上讲，它的寿命可达数十年。考虑到和平号空间站设计寿命仅有 5 年，实际服役了 15 年，相信国际空间站超期服役并不是严重的技术问题。

南太平洋是大量航天器的"归宿"。1979 年 7 月 11 日，美国天空实验室退役，像流星雨一样划破长空，化作无数碎片，坠落于此。2001 年 3 月 23 日，和平号空间站飞完了最后路程，像远去的游子归于母星蓝海。

按照最初的合作协议，国际空间站退役时，3 艘俄罗斯飞船将共同发力，帮助它变轨再入大气层，最终坠入南太平洋。如果俄罗斯退出，国际空间站还能否按原计划进行"海葬"也是一个问题。要知道，哈勃太空望远镜原计划是会放到美国博物馆陈列，但由于人类无力拖回，只能让它继续在太空游荡。

6.3 中国神舟飞船的诞生

6.3.1 鲜为人知的曙光号飞船

1968 年，按照党中央部署，中国航天制订了载人航天工程计划，准备在 1973 年底发射一艘名为曙光号飞船。

曙光号飞船由座舱和设备舱两大舱段组成，座舱内放置两个航天员乘坐的弹射椅、仪器仪表、无线电通信设备、控制设备、废弃物处理装置，还配有降落伞；设备舱内设有制动发动机、变轨发动机、燃料箱、电源设备和通信设备。

曙光号飞船设计方案类似当时最先进的美国双子星座号飞船，飞船形状像个倒扣的大漏斗，飞船由座舱和设备舱两大舱段组成，航天员可以坐在座舱内的弹射椅上进行仪器仪表、无线电通信设备的操作。

然而，由于当时中国工业基础和经济状况薄弱，曙光号飞船一直在设计草图阶段停滞不前，最终于 1975 年 3 月下马。

6.3.2 钱学森力挺载人航天从飞船做起

20 世纪 90 年代初，关于"863 计划"载人航天采取何种方案？全国 60 多家科研单位，2000 多位专家参加了论证，提出了诸多方案，如空天飞机、火箭飞机、航天飞机、载人飞船等多种方案，而且大部分专家认为我国载人航天工程应该"站在高起点，一步到位，研制航天飞机"，但钱学森认为我国的载人航天工程应该"从基础做起，一步一个脚印，从研制载人飞船开始"。今天看来，当时如果搞航天飞机，中国航天员今天也不会进入太空的。

神舟飞船由 13 个分系统组成。但从外观整体看，神舟飞船由轨道舱、返回舱、推进舱3个部分构成（图6.9）。其中，轨道舱是一个圆柱体，一端与返回舱相通，另一端与空间对接机构连接。轨道舱、返回舱可谓"一室一厅"，作为"一室"的返回舱是航天员在发射、返回和驾驶飞船时待的地方；作为"一厅"的轨道舱则是航天员工作和休息的场所。推进舱主要用于装载设备。

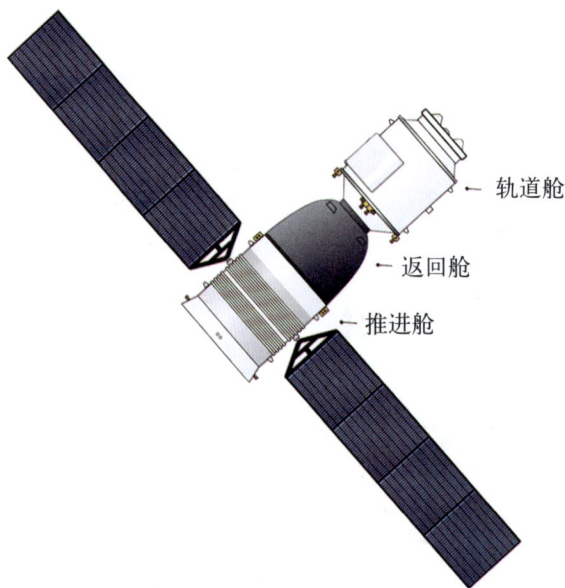

图6.9 神舟飞船

经过7年多的努力，中国航天人顺利完成了神舟飞船的工程方案、初样、正样的试验任务，1999年11月20日，"神舟一号"飞船成功飞向太空。2001年初至2002年底，"神舟二号""神舟三号""神舟四号"飞船相继成功发射，为后续开展的载人飞行任务提供了坚实的技术保障和经验支持。

2003年10月15日，神舟五号载人飞船发射，我国成为世界上第三个自主将航天员送往太空的国家。

6.4 刀尖上的舞蹈——"太空出舱"

从1965年3月18日，阿里克谢·列昂诺夫走出上升2号飞船（图6.10），成为第一位完成太空行走的宇航员，至今，已经过去60多年。如今，太空出舱已经成为太空作用不可或缺的组成部分，而且在人类重返月球和实现登陆火星的探索之旅中，出舱活动也将是必不可少的。

走出舱门进行太空行走有两种方式。一种是通过舱门系统直接出舱，在这个过

图 6.10 阿里克谢·列昂诺夫走出上升 2 号飞船

程中，卫星的整个轨道舱都要为出舱活动而减压；另一种则是通过气闸舱出舱，在此过程中，舱门位于一个较小且独立的减压区域以便于宇航员出舱，而飞船其他舱段保持原有的压力环境。

1965 年 6 月 5 日，美国宇航员爱德华·怀特通过舱门系统实现了第一次出舱行走。怀特通过"双子星座 4 号"的右舱门进入太空。

为了保持飞船主要舱段的内部气压稳定，气闸舱将出舱活动的宇航员与其他宇航员分开，其他宇航员则在增压舱内继续飞行，通过飞船舷窗或监控观察舱外宇航员的活动。苏联宇航员阿里克谢·列昂诺夫按照这种程序，使用可充气的气闸舱设备，完成了世界上首次出舱活动。

我国载人航天经过一系列发展，在神舟七号飞船上完成了首次航天员出舱活动。2008 年 9 月 27 日，身着"飞天"舱外航天服的翟志刚，挥动着鲜艳的五星红旗向地面报告："神舟七号报告！我已出舱，感觉良好（图 6.11）。""神舟七号向全国人民、全世界人民问好！""请祖国放心，我们坚决完成任务！"那一刻，人们从电视直播中看到的是五星红旗在神舟飞船舱外飘扬，但并不知道当时的惊险。

在翟志刚打开舱门准备出舱时，轨道舱火灾的报警声突然响起。尖锐的报警声音不断重复。众所周知，火灾事故是全世界航天工程师最担心发生的事故。报警的第一时间，轨道舱内的刘伯明和返回舱内的景海鹏检查了所有设备，并没有发现火灾，也没有发现短路跳火情况。而此时轨道舱处于真空状态，并不可能发生火灾。尽管翟志刚他们判断不可能发生火灾，但刺耳的报警声一直在持续。这时，刘伯明问道"还出不出舱？"

图 6.11　翟志刚在太空向全世界展示五星红旗

"出舱！"翟志刚坚定地回答道，便缓缓爬出舱门。

按计划，翟志刚要先把一个固定在飞船外部的试验样品取回舱内，然后再从舱内取出五星红旗，进行太空漫步和舱外展示。经历警报后，翟志刚和刘伯明两人临时改变了出舱程序，刘伯明先把国旗递了出来，翟志刚向全世界展示了手中飘扬的五星红旗。

返回地球后，有人问他们为什么要先展示国旗。他们回答：

"无论发生什么情况，我们都要完成任务，让五星红旗高扬在太空"。"即使我们回不去，也要让五星红旗在太空飘扬"。

幸运的是，事后分析表明，轨道舱火灾警报只是一场虚惊。

6.5 "宇航员""航天员"哪个称呼更准确？

"宇航员"这个词最早出现在英语中是 1929 年，可能是在科幻小说中，直到 1958 年 12 月才被普遍使用。当时，刚刚成立的美国国家航空航天局（NASA）将"宇航员"一词作为其训练参加太空竞赛的男性（后来也有女性）的名称。

在 20 世纪 50 年代，"宇航员"一词在美国宇航局之外被使用。美国国防部授予飞行高度超过 81 千米的军用和民用飞行员宇航员的称号。当时，7 名飞行员在 X-15 火箭动力实验机上获得了这个等级。这种火箭挂载在 B-52 重型轰炸机下，依靠强大的推力驱动飞机爬升冲刺，爬升到高度约为 13716 米高空后投放，此时速度接近每小时 805 千米，燃料耗尽后飞机在惯性的作用下继续爬升一段距离，随后下降返回地面。飞机后方采用两具滑橇式起落架，机头下方安装另一具轮式起落架。

大约在同一时间，苏联航天局也提出了一个类似的术语——"宇航员"。在很多方面，这种词汇也与其他任何东西一样，也是太空竞赛的一部分。当时的苏联领导人尼基塔·赫鲁晓夫（Nikita Khrushchev）比任何人都了解宣传的力量，所以他想要用一个既能描述又能鼓舞人心的名字，当时一些人认为，"Cosmonaut"的意思是"宇宙的水手"。

1961年4月12日，苏联尤里·加加林（图6.12）乘坐东方1号宇宙飞船在太空绕地球一周，赢得了载人航天的伟大胜利，与此同时，苏联率先将宇航员的英文名称定为"Cosmonaut"，直到今天这个词依然特指俄罗斯宇航员。

1961年5月5日，美国艾伦·谢泼德（图6.13）乘坐"自由7号"的水星飞船进行亚轨道飞行（亚轨道一般是指距地面20～100千米的空域），成为美国历史上第一位进入太空的宇航员，此时，美国拒绝了"Cosmonaut"这个称谓，新造了个名词"Astronaut"，（注："Astro"在希腊语中意为"宇宙、天梯"）。法国人用的是更老式的"spationaute"。

图6.12 苏联宇航员尤里·加加林

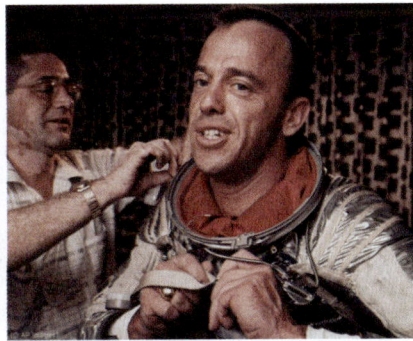

图6.13 美国宇航员艾伦·谢泼德乘

"Astronaut"与"cosmonaut"并无本质区别，但两国都固守自己的名词体系。虽然说到太空和宇航员，大多数人想到的是美国或俄罗斯，但中国也成功发射了载人飞船，为了区别于其他国家使用音译的译法来指代，中国的航天员称为"Taikonaut"，由中文的太空的拼音"TaiKong"和希腊语的"Naut"水手两词组合而成，中国自己则翻译成"航天员"。

事实上，"Taikonauts"这个词起初是由一位马来西亚华人于1998年在网络上提出，2003年，中国首位航天员杨利伟，完成飞天任务后被西方媒体广泛使用。另外，按照航天与航宇的定义。"航天"是指在大气层外从事的飞行活动，航宇是指在太阳系外或星际空间从事的飞行活动。目前，人类载人航天活动属于航天活动，而不属于航宇活动，所以，无论俄罗斯，还是美国，称为"航天员"更精准。

不论是"航天员"还是"宇航员"，都指经过训练能在太空里从事科学研究的人，也是一群无畏风险而率先进入了太空的人。截至目前，航天员有三种不同类型？分别为飞行员航天、任务专家和有效载荷专家三种类别。飞行员航天员是控制宇宙飞船，并负责引导它通过机动和着陆的人员；任务专家是从事维护、修理和科学研究项目的人员。

而有效载荷专家，通常不属于真正意义上的航天员，大部分有效载荷专家是非职业航天员，一般是科学家或有特殊专长的工程技术人员。有效载荷专家会长期驻留在空间站或航天飞机上，任务就是从事某项科学研究和实验，并负责有效载荷的管理和操作。未来进驻中国空间站的国外航天员，应该都是有效载荷专家。

6.6 在太空中运动是怎样的体验？

在地球上人们习惯了重力的存在，所有的运动项目都是基于这一自然法则设计的。然而，想象一下，在太空中，跑步、体操、投掷铁饼、球类运动、举哑铃等运动，因为缺乏重力的作用，每一个简单的动作都会变得不那么简单。

6.6.1 跑步

在太空中跑步虽然听起来充满科幻色彩（图 6.14），但实际操作起来却面临着诸多挑战。与在地球上不同，太空中的无重力环境使得正常的跑步动作变得极为复杂。

首先是无重力环境带来的麻烦。在地球上，跑步依赖于重力将双脚拉向地面，并通过地面的反作用力推动身体向前。然而在太空中，由于重力几乎不存在，航天员的身体不会自然落下，而是飘浮在空中。这种环境使得跑步变得不再像地球上那样自然而简单。

其次是缺乏地面反馈。在地球上，跑步时脚掌与地面接触会产生反馈，使跑步者能够调整自己的步伐和姿势。然而在太空中，跑步机的带子和跑步机表

图 6.14 太空中跑步想像图

面的摩擦力不足以提供同样的反馈。这会导致航天员在跑步时难以感知自己的步伐和节奏，从而影响他们的跑步效率和运动效果。

最后是平衡与协调的问题。在无重力环境下，保持身体的平衡和协调变得更加困难。人们在地球上跑步需要高度的平衡感和协调性，而在太空中，这一需求更为突出。航天员必须学会在漂浮状态下保持身体的稳定，避免在跑步过程中失去控制。

6.6.2 体操

在太空中做体操虽然充满了无与伦比的自由（图6.15），但无重力环境带给人不少烦恼。在地球上，体操运动依赖于重力来完成各种动作，如翻腾、跳跃和旋转。然而在太空中，由于没有重力，航天员的动作会完全不同。

失去地面反馈会增大体操表演难度，而平衡和协调问题带来的难度比跑步还大。由于没有重力的限制，航天员在做体操动作时可能会在空中旋转或漂移，控制身体的方向和速度变得尤为关键，否则航天员可能会撞到空间站内的设备或墙壁，造成意外。

图 6.15　太空中体操想像图

6.6.3 投掷铁饼

在地球上，投掷铁饼是一项力量与技巧相结合的运动。与跑步和做体操不同，在太空中，由于失重环境的特殊性，这项运动变得非常有趣（图6.16）。

首先是无重力环境带来的趣味。在地球上，投掷出的铁饼由于受到地球重力的作用，会沿抛物线轨迹飞行。而在太空中，由于重力几乎不存在，铁饼在被投出后将沿直线飞行。

其次是缺乏空气阻力会让铁饼一直飞行。地球上的空气阻力会影响铁饼的飞行轨迹，使其在飞行过程中减速并最终停下。在太空中，没有空气阻力的影响，铁饼将以恒定速度沿直线飞行，直到撞到某个物体。这使得航天员在投掷铁饼时，必须精确控制投掷的初速度和方向，以避免铁饼在空间站内造成损坏。

最后是反作用力带来的影响。在地球上，投掷铁饼时，地面提供的反作用力帮助运动员保持稳定。而在太空中，投掷铁饼时产生的反作用力会使航天员的身体向相反方向漂移。这意味着航天员在投掷时必须采取措施，稳定自己的身体，防止漂移影响投掷效果。

图 6.16　太空中投掷铁饼想像图

6.6.4　举杠铃

举杠铃是一项重要的力量训练活动，有助于保持和增强肌肉力量。在地球上，杠铃的重量依赖于地球重力的作用。而在太空中，由于重力几乎不存在，杠铃不会产生地球上的重量感。航天员在举杠铃时无法感受到重量，因此传统的力量训练方式变得无效（图 6.17）。

此外，太空中缺乏阻力。力量训练的关键在于抵抗阻力以增强肌肉。在太空中，杠铃不会下落，因此无法提供在地球上举杠铃时的阻力效果。航天员需要使用特殊设计的设备，如阻力带或液压装置，以提供必要的阻力进行力量训练。

图 6.17　太空中举杠铃想像图

6.6.5　球类运动

与投掷铁饼类似，在太空中，由于失重环境和缺乏空气阻力，球类运动也面临着许多挑战（图6.18）。首先，无重力环境带来了新的难题，航天员需要重新学习如何控制球的投掷方向和力度，以适应这种全新的物理环境。

接下来是动作控制和协调。在无重力环境下，保持身体平衡和协调变得更加困难。每一个投掷或击打动作都可能导致身体失去控制，航天员需要学会在漂浮状态下精确调整自己的姿态和动作，这需要高度的平衡感和控制能力。

总之，在太空中进行体育运动，与在地面上的体验有着天壤之别，能让人们感受到运动与科学相结合的独特乐趣。

图6.18　太空中球类运动想像图

6.7　载人航天与民生的关系

过去的60多年里的航天活动与自然科学和社会科学的每一个学科都有着密切的联动关系。首先，天文、生物学、数学、物理学、化学和唯物论哲学的主要科学理论过去都是在地球上由观察、实验、抽象和推理得到的，航天事业的实践已经证明这些知识在地球以外也是可靠的、正确的和可以信赖的。其次，航天活动又对现代科学技术的发展产生重大的影响。如地质学是航天探测其他天体的基础，航天探测结果对地质学又产生了重大影响，航天探测通过对月球的直接观察表明，在地球上找到46亿以前的岩石可能性几乎没有；一批新的学科，如行星地质学和宇宙地质学已经诞生。航天探测对生命科学的触动最大，使得争论数百年的生命起源问题又进入了新的热潮，在航天活动的推动下，宇宙化学已经诞生，为了解生命起源提供新的知识。今天，人们不仅认同地外生命存在的可能性，而且竞相实施国家级的大科学工程去探测。

另外，航天产业和其他产业相比，有一个明显的不同，就是它能推动各个领域的科技发展，而这些领域的科技进步又能转化成生产力，进而推动社会经济发展。从美国的"阿波罗"登月计划的出现与实施看，虽然整个计划持续近十年，耗资达255亿美元，但投入产出比却高达为1∶14。更重要的是，"阿波罗"计划还引领了科技进步推动产业繁荣的浪潮，也为此后美国鼓励高校科研社会化和产业化法案的出台奠定基础。

目前，从个人电脑到手机，从数码相机到互联网通信，可以说，所有这些都包含着航天科技的结晶，如果离开航天技术，每个人的生活都会与"现代化"相剥离。

中国航天民用产业已经形成，并服务于新能源、新材料等国民经济的各个领域，大到航天发射特种技术、低温技术及加注技术等应用于汽车电子类、新能源设备等领域，衍生广泛的高科技含量产品。仅举最贴近日常生活的例子：一碗方便面的蔬菜包，源自航天员食品中的脱水菜；而各类时髦的运动鞋，其"中空吹塑成型"的制造技术，源自航天技术（图6.19）……载人航天技术，看似遥不可及，其实处处渗透在普通百姓的生活里。很多人并不知道，当今在医学界大量应用的重症监护病房，就是航天技术带来的重要医学进步之一，微波炉已经成为都市人的厨房好帮手，它的诞生是因为在太空中加热食物不能使用明火，以防引燃其他物品。"神九"航天员在轨飞行时间较长，检验航天员抗骨丢失、抗肌肉萎缩的部分成果或可造福长期卧床的病人，具有很高的民用价值。20世纪80年代以来，我国已成功地利用返回式遥感卫星进行了数百次多品种的种子搭载实验。空间育种技术的发展已经证明，经过太空处理的种子能够产生有益的遗传变异，并取得显著的增产效果，所以依靠航天科技解决了困扰中国的"吃饭"问题。除此之外，利用神舟留轨舱的遥感设备，还可以进行重大自然灾害的预报及灾情评估，对保障防灾、救灾的情报传递与指挥调度的畅通，发挥着不可替代的作用。所以载人航天更在日常的层面提升着每个国民的生活质量。

图6.19 登月鞋（左）和运动鞋（右）

第 **7** 章

导弹

7.1 导弹的组成

火箭最早是作为一种武器应用于战争。但早期火箭发射是不可控制的。这种早期火箭被称为火箭弹，不仅击中目标的精度差，而且作战效率也不高。

随着战争的发展，迫切要求提高武器的命中精度，于是一种在火箭上装有控制仪器，以控制其飞行轨迹的武器应运而生，也就是"导弹"，世界上第一枚液体导弹是由德国制造的（见图7.1）。

图 7.1 世界第一枚液体导弹 V2

导弹有大有小，大的有十几层楼高。比如洲际弹道导弹；小的不足一米，比如单兵防空导弹。但是导弹基本上可以分为这五个部分：动力装置、弹头（也称战斗部）、制导系统、弹体和电源。动力装置由发动机、推进剂输送系统等组成，弹头由弹头壳体、战斗装药、引爆装置和保险装置等组成，制导装置由探测机构、控制机构和执行机构组成，弹体用于把动力装置、制导装置和战斗部有机地连成一体。

导弹能作为武器使用，还需要发射系统、勤务保障设备系统、侦察瞄准系统和指挥通信系统，这四大系统就构成了导弹武器系统（图7.2）。

图 7.2 导弹武器系统

7.2 导弹如何分类

随着军事上的需要和科学技术的发展，目前世界上的导弹已有几十个类型和各种型号，分别为不同的目的和在不同的范围内使用，因此，导弹的分类很复杂，并有多种分类方法（图7.3）。按作战任务来分，一般分为战略导弹和战术导弹两种。按发射点与目标位置分，有地地导弹、地空导弹、空地导弹、空空导弹等。按射程分，有洲际导弹、远程导弹、中程导弹和近程导弹。

导弹分类

按照发射点和目标位置分类
- 地地导弹
  - 地对地导弹
  - 岸对舰导弹
  - 舰对舰导弹
  - 舰对地导弹
  - 舰对潜导弹
  - 潜对地导弹
  - 潜对潜导弹
- 地空导弹
  - 地对空导弹
  - 舰对空导弹
  - 潜对空导弹
- 空地导弹
  - 空对地导弹
  - 空对舰导弹
  - 空对潜导弹
  - 航空制导鱼雷
- 空空导弹
  - 近距格斗导弹
  - 远程格斗导弹
  - 全向攻击导弹
  - 全天候攻击导弹

按照作战任务分类
- 战略导弹
- 战术导弹

按照结构与弹道特征分类
- 有翼式导弹
  - 巡航导弹
  - 其他有翼式导弹
- 弹道式导弹

按照射程分类
- 近程导弹（射程小于1000千米）
- 中程导弹（射程1000～3000千米）
- 远程导弹（射程3000～8000千米）
- 洲际导弹（射程8000千米以上）

按照导弹级的数量分类
- 单级
- 多级（二级或三级）
  - 串联式
  - 并联式
  - 合组式

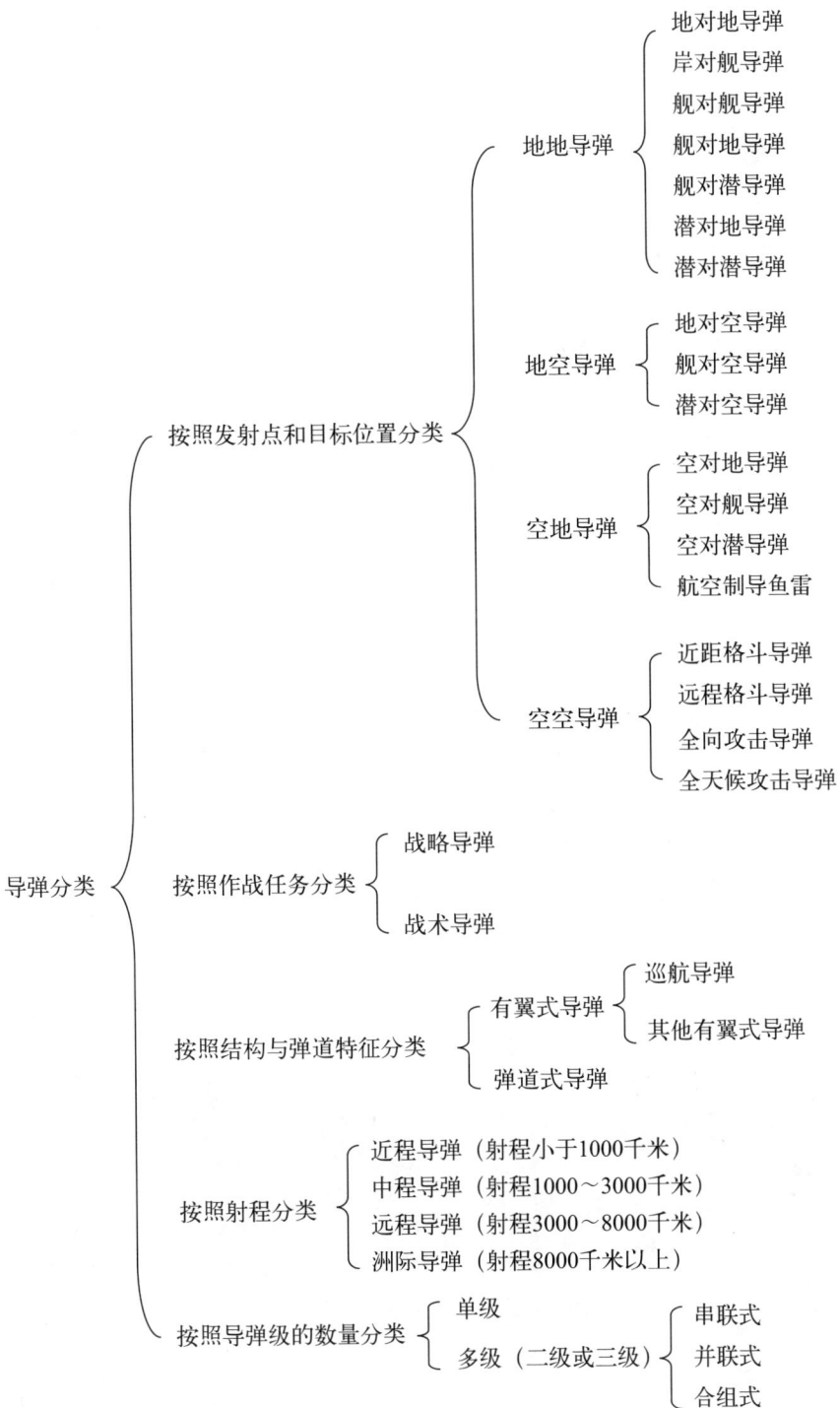

图7.3 导弹的分类

卫星发射类似"蹿天猴"

卫星是由运载火箭点火发射后送入其运行轨道的，飞行过程大致分为三个阶段。

VS

洲际导弹好比"愤怒的小鸟"

洲际导弹射程在8000千米以上，它由火箭发射至大气层外，再入大气层后攻击固定目标。

最后加速段

点火

卫星弹出

在卫星轨道环绕地球运行

惯性飞行段

分离

5 加速到预定速度，卫星从火箭运载器中弹出，进入预定的卫星运行轨道

4 在地球引力作用下惯性飞行，进入卫星预定轨道，第三级火箭点火

3 第二级火箭加速飞行，飞行时间2—3分钟，高度约150千米。第二级火箭分离

点火

分离

2 缓慢转弯，上至70千米高度，到达与地面接近平行的方向，第一级火箭脱离，第二级火箭点火

加速爬升段

1 垂直发射火箭，10秒左右升空

点火

释放弹头 干扰雷达

洲际导弹的弹头一般是核弹头。洲际导弹问世后，核聚变弹头进一步发展，使弹头进一步小型化，并便于使用多弹头。多弹头的洲际导弹，会在这个阶段释放弹头，以及金属气球、铝箔干扰丝和全尺寸诱饵弹头等各种电子对抗装置，以欺骗敌方雷达

减速

4 导弹弹头和弹体分离，在大气层以外无动力滑翔至目标上空，弹头上反推火箭工作让弹头减速

再入

3 达到预定速度，发动机熄火，最大速度7千米/秒

转弯，按照预定弹道飞行

再入大气层

5 受地心引力影响，重新进入大气层，速度达到声速的20—30倍

垂直向上飞行，推力达980万牛

推进加速段

6 击中目标，撞击地面时的速度可高达4千米/秒

整流罩较圆

卫星
+
运载火箭

战斗部+制导装置+运载火箭

弹头

制导装置

燃料箱

根据功能不同，平均约为900万—万美元

卫星

约3000万美元（含弹头）

洲际导弹

燃料箱

中国航天

卫星=运载火箭+卫星
洲际导弹=运载火箭+弹头+制导装置
卫星：在火箭进入轨道后弹出
弹头：即战斗部，可配核弹头
制导系统：导弹的"大脑"，可精准测到目标位置

洲际导弹

由于目标轨道不同，两者速度也不一样须靠重力再入大气层，速度小于第一宇宙速度

卫星

须大于等于第一宇宙速度7.9千米/秒，进入卫星轨道

链接

能自主发射卫星的国家或组织有6个：美国、俄罗斯、中国、欧盟、日本和印度（朝鲜曾两次发射失败）

卫星

300—500千米（距近地点）

洲际导弹

150—400千米

地球

洲际导弹能到达大气层较高高度，引力较小，但达不到低轨道卫星的高度

专家说法

外行看热闹 内行看"整流罩"

装载弹头的火箭，其整流罩一般设计成锥形；而运载卫星的火箭，其整流罩顶端形状较方，或者较圆。

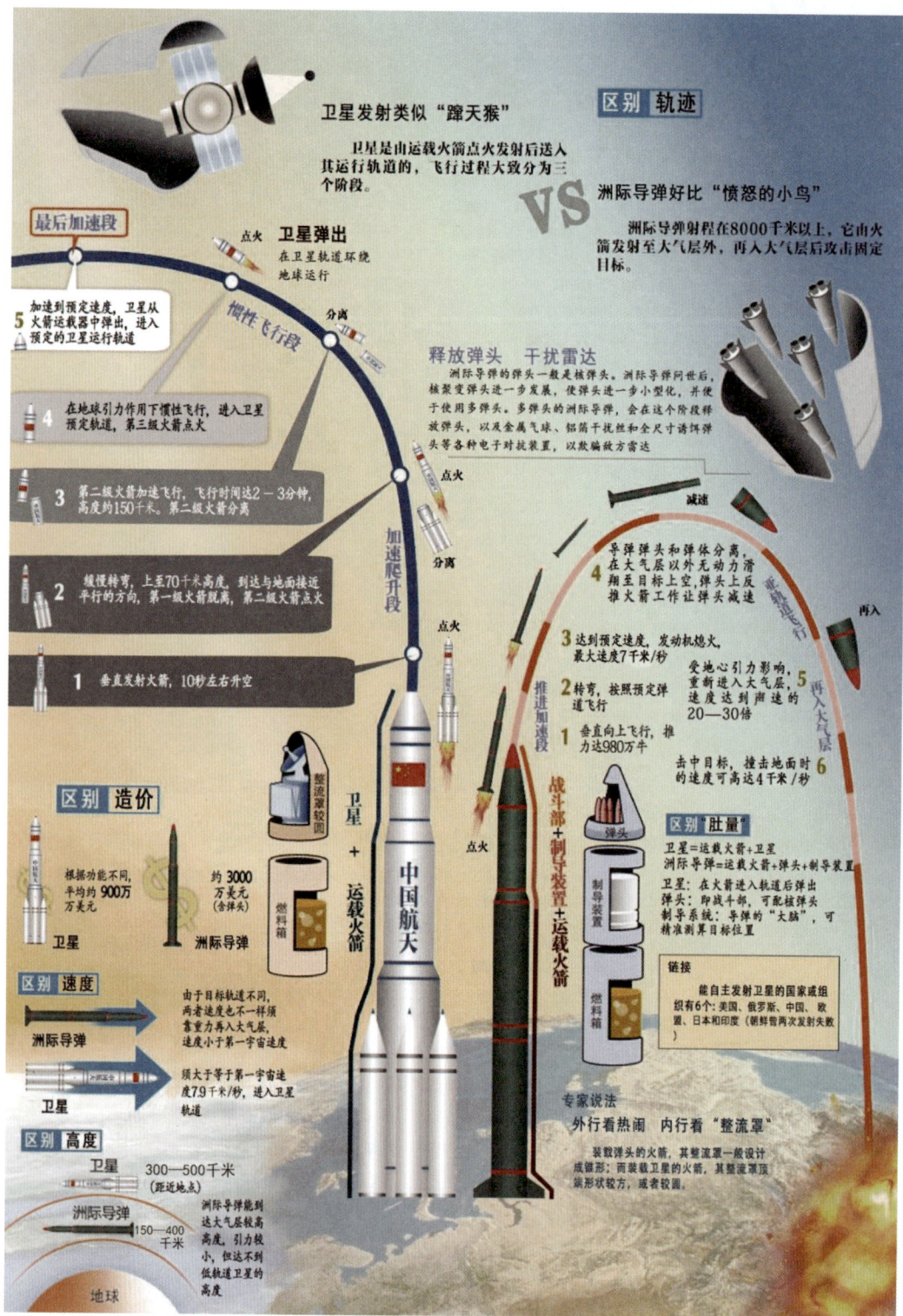

图7.4 火箭与导弹的比较

7.3 导弹和火箭的区别

火箭是一种利用火箭发动机产生的反作用力推进的飞行器，通常用于航天发射、科研实验等领域，其主要功能是将载荷送入太空或高空。火箭的飞行轨迹一般是预定的，缺乏自主的目标指引能力。

导弹是一种具备自主制导系统的飞行器，能够在飞行过程中根据预设的目标进行调整，以精确打击目标。导弹通常用于军事领域，作为武器系统的一部分。其主要特点是具备高精度、高威力和快速反应能力。

需要注意的是，导弹的推进系统可以是火箭发动机，也可以是其他类型的发动机，如喷气发动机。因此，虽然所有导弹都可以被视为火箭，但并非所有火箭都是导弹。

例如，V2 导弹是一种采用火箭发动机的导弹，具有自主制导能力，用于军事打击。而运载火箭则主要用于将卫星或其他航天器送入太空，其飞行轨迹和目标通常是预定的，缺乏自主的目标指引能力。

总之，火箭和导弹在功能、应用领域和技术要求上存在明显差异，图 7.4 更进一步给出了火箭与导弹的区别。

7.4 导弹制导与控制

所谓制导，就是将一个导弹从一个地方引导至另一个地方。制导有很多方法，如雷达制导、天文制导和惯性制导。目前大部分导弹是采用惯性制导，或 GPS+ 惯性制导。惯性制导与其他制导方法的基本区别在于：惯性制导是完全自主的。这就是说，导弹可以在一个完全与外界条件以及电磁波隔绝的假想"封闭"空间内实现精确导航。

惯性制导的实现：通过精密陀螺仪和加速度计测出运载器的旋转运动和直线运动信号，然后输送到飞行器上的模拟计算机或数字计算机中，再由计算机综合这些信号进行运算。计算机指令导弹的姿态控制系统和推进系统，以实现运载器的惯性制导，这种制导系统组成如图 7.5 所示。

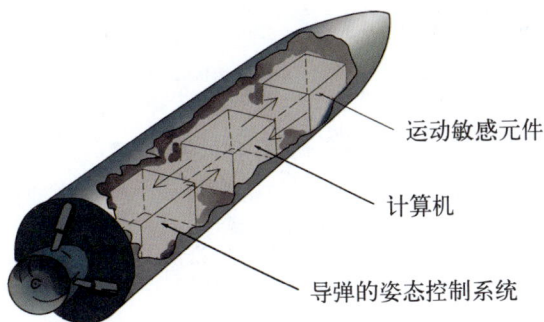

运动敏感元件

计算机

导弹的姿态控制系统

图 7.5 导弹制导系统组成

导弹的动力飞行时间是以分钟为单位计算。比如，对于"北极星"型弹道导弹（美国的一种潜对地导弹），在 12 分钟内飞行约 1609 千米的距离，而其燃料的正常燃烧时间大约是 100 秒。制导、控制等任务都必须在发动机关机（熄火）之前完成，因为再入飞行器在过了这一点之后就处于非制导状态。自这点以后，飞行器的飞行呈弹道形式，与子弹离开枪管以后的情况相类似。

导弹制导系统必须控制或引导导弹上升通过大气层，并使发动机准确地按时关机，进而使再入导弹无须进一步控制即可击中目标。落地点完全由发动机最后关机时的一些因素决定，这些因素包括速度、位置和关机时间。图 7.6 表示导弹弹道通过大气层的各个重要阶段。

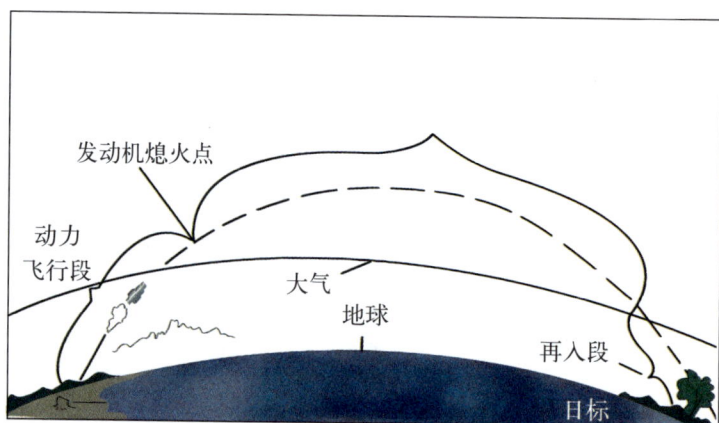

图 7.6 弹道导弹的弹道

对于远程导弹，其制导阶段必须持续到通过地球大气层以后而终止于外层空间的极高真空区。如果制导停止于离开大气层之前，那么，由于在离开大气层之前作用在弹头上的不确定的阻力会使得制导精确度急剧降低。在飞行中，初期产生的误差对导弹的打击精度影响很大。

7.4.1　控制制导

所谓控制制导，是一种控制导弹飞行的技术。从其操纵指令的信息源方面来看，控制制导技术与惯性制导技术差别很大。控制制导，也称为指令制导，取决于导弹外部设备，如雷达跟踪站所作的测量。在这种情形下，导弹名义上受自动驾驶仪控制，而控制指令，即"形成"弹道的操纵指令，是由地面通过无线电波发送的。操纵指令所执行的功能与汽车驾驶员操纵汽车时所执行的功能相同，只不过导弹必须沿空中的一条路径进行制导。

依靠外部敏感器或测量传感器确定导弹的速度和位置，地面计算机将这些信息与导弹应该具有的弹道参数进行比较，其差值则是导弹的操纵指令。当达到适当的熄火条件时，就由外部指令来终止导弹的推力，典型工作原理如图 7.7 所示（图中给出的是火箭，因为导弹和火箭雷同）。

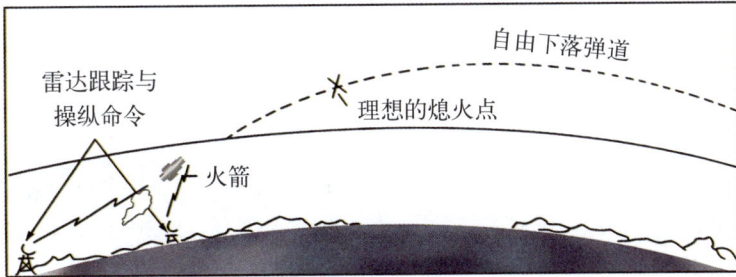

图 7.7 控制制导

7.4.2 惯性制导

惯性制导系统首先应用在德国的 V2 导弹上，导弹角方位由直接安装在弹体上的陀螺仪测量，达到预定速度后控制器便终止发动机推力，速度测量是通过从起飞开始将与导弹中心线平行安装的摆式积分陀螺加速度计的输出脉冲数相加而得到的。这种加速度计做得非常精确。

现代惯性制导系统仍然采用陀螺仪和加速度计作为测量元件，但其结构更加完善。加速度计的主要功能是测量自起飞至熄火这段时间内导弹的所有运动分量。陀螺仪的主要功能是敏感导弹的旋转运动并将加速度计同任何旋转运动隔离开来。通过这些功能的实施，导弹中的飞行计算机（连同一个时钟或时间基准）就有了充足计算信息，于是就可以在没有外部基准的情况下导引导弹。惯性制导是用计算机来产生指令的。惯性制导计算机是弹载的，而指令制导计算机始终在地面上。

惯性制导还涉及一个稳定轴系的概念。图 7.8 所示为陀螺仪和加速度计的轴系，一个轴系包括相互成直角的三个轴。加速度计的敏感轴，被安装在平行于轴系的每个轴上。在这种独特的布局下可以看出，不论导弹的方向如何，至少有一个加速度计可感测到导弹的运动。三个以上的加速度计是多余的，而少于三个加速度计则意味着会损失信息。同样，三个陀螺仪的安装方式的特点是，它们的输入轴与轴系的轴相互平行。因此导弹绕轴的旋转可由一个或一个以上的陀螺仪检测。不管导弹的推力，俯仰、横滚或偏航姿态如何，轴系始终保持起飞时的方位。陀螺仪使轴系与旋转隔离，加速度计则测量参考系中的推力与阻力。

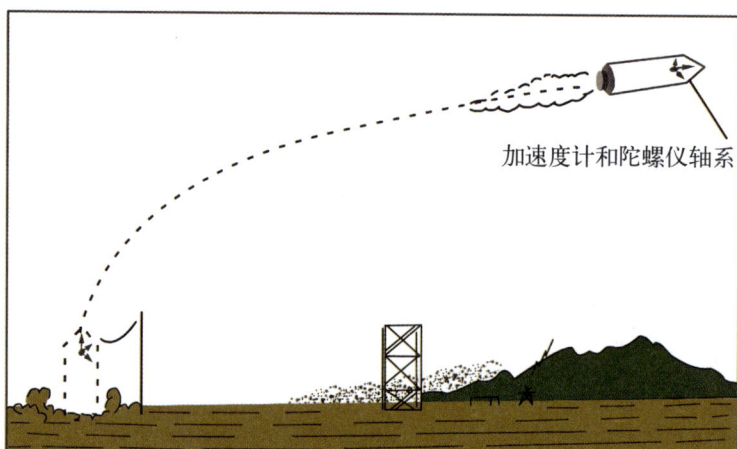

图 7.8　稳定轴系的概念

7.5　弹道导弹怎样飞向攻击目标

弹道定义为导弹由起飞到击中目标所飞过的路径。关于这一点可形象地利用步枪管、子弹和目标来说明。参看图 7.9，想象有 100 千米的一根曲线形枪管穿过地球大气层，枪口在外层空间的高度真空中。枪管或轨道是曲线形的，这是因为地球的重力使导弹在飞向目标的过程中产生俯仰。子弹飞经枪管表示动力与制导阶段；子弹在离开枪口的瞬间必须具有所需的方向与速度才能击中目标，因为从这点开始制导就停止，子弹纯粹沿弹道飞行。当子弹在地球大气以上飞行时，影响其飞行路径的只有重力。重力最终会把子弹拉回到地球的大气层之内。这一返回到大气中的过程称为"再入"。再入路径一般是非制导的，通常称为弹道再入。

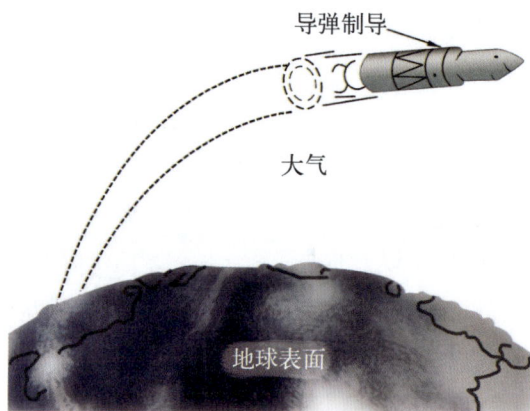

图 7.9　制导飞行阶段

7.5.1　发射阶段的制导

导弹制导系统是通过精密地"感觉"导弹的飞行进行工作的。这种感觉与一个汽车司机在一条弯曲的山路上开车的感受是类似的。人可以感受到汽车的加速度并感觉到沿曲线行驶时作用在身体上的横向力。从理论上说，如果司机具有完善的感测、记忆能力，而且具有时间基准，那么他就能闭上眼睛在熟悉的山路上行驶。汽车沿道路的运动情况确定作用在司机身上的加速度力，因此通过感测此加速度所引起的力的方向、大小和随时间变化的情况，便可以控制汽车的速度和方向。

导弹制导系统的功能与此相仿。飞行计算机将系统加速度计经适当处理后得到的输出值同为达到预先编程的弹道所应该具有的输出值进行比较。如果这两个值不匹配，则计算机便命令导弹驾驶仪改变导弹的飞行方向。计算机将加速度计输出转换成速度与位置之后，更适合于做这样的比较。当导弹的计算速度与预先编程弹道所需的速度一致时，则发出推力控制终止指令。运动感知见图 7.10。

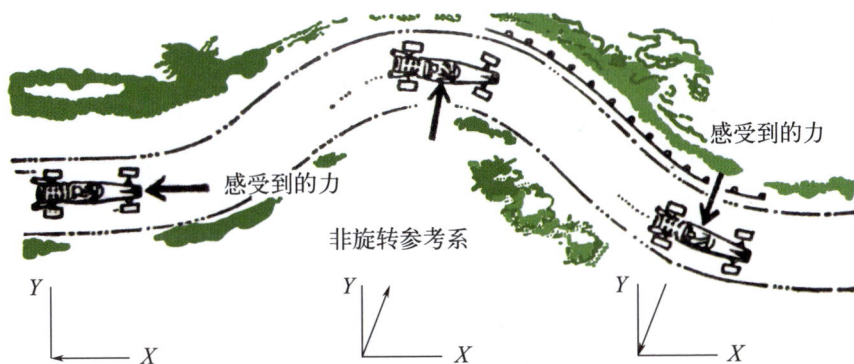

图 7.10　运动感知

7.5.2　熄火点速度与落点精度

由于制导功能是在飞行总时间的前百分之十这段时间内完成的，因此对熄火点速度与位置有极其严格的要求。了解这一点是很重要的。最坏的情况可能是水平射向速度分量的误差。对于飞行 9660 千米的一枚洲际弹道导弹来说，如果熄火速度偏离正确速度（标称值为 7.610 千米 / 秒）的误差为 0.0254 米 / 秒，则战斗部将偏离目标 9660 千米。

通常熄火状态通过以下参数来评定：熄火时的位置误差、角度误差和速度误差。

（1）熄火时的位置误差

为了便于理解，我们假设山上有一个小伙子向下面的一个目标扔石头（见图

7.11)。假定这个小伙子用全力投掷，并假定石头以适当的方向和正确的速度脱手。考虑到位置误差的影响，如果山太高，他会扔得太远；如果山太低，则会扔得太近。在这两种情况下都达不到目标。这就清楚地表明了弹道导弹的熄火点高度位误差会带来什么样的后果。

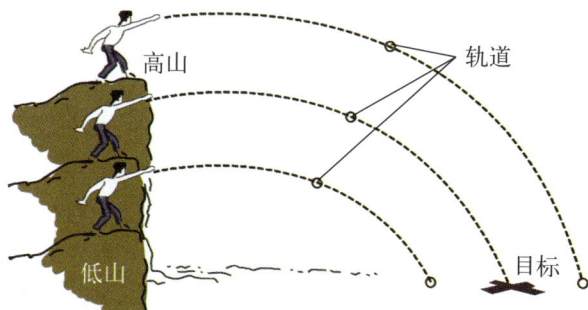

图 7.11　熄火点位置误差的影响

（2）角度误差

假设小伙子以不正确的方向投放石头做例子。方向可以通过从垂线向下量的角度来表示。如图 7.12 所示，小伙子扔石头的方向有一个最优角度（约 45 度）。投放角太大或太小都会扔不到目标。

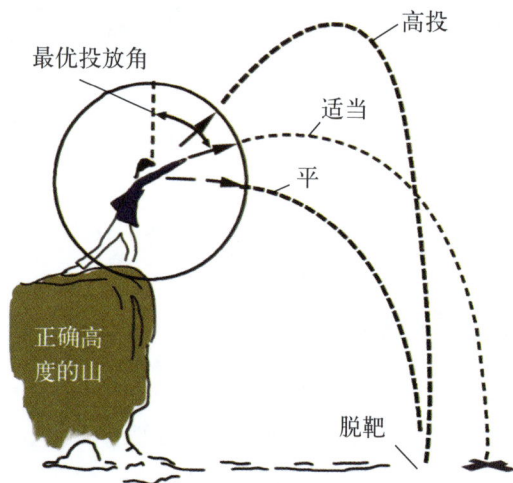

图 7.12　熄火速度的角误差的影响

（3）速度误差

在图 7.13 中，一个力气较大的小伙子站在小山上的适当高度上扔石头，他以正确的方向投放。如果他给予石头的速度不够或超过所需的速度，则他就会扔得过近或过远，达不到目标。

图 7.13 熄火速度的幅值误差的影响

7.6 导弹与制导炸弹

现代战争对制导弹药的消耗很大，但导弹造价不菲、生产过程复杂，令各国军队又爱又恨，于是制导炸弹"跃跃欲试"。不过，随着战场环境复杂化，传统制导炸弹打击距离有限，所以逐渐落伍，远程滑翔制导炸弹脱颖而出。

这种炸弹的第一个要求是便宜好用，比如借助全球卫星导航系统的信号，能更廉价地实现高精度打击。细说起来，这个要求又包括多方面。

首先，军队在战场上必须获得稳定可靠的卫星导航信号。根本之策当然是建设本国独立自主的全球或区域卫星导航系统，但这超出了很多国家的能力范围。退一步来讲，军队需要使用能够兼容多种卫星导航系统的设备，以防被外国关闭卫星导航信号。

其次，炸弹想打击移动目标，纯粹靠卫星制导不行。解决这个问题的传统思路是复合制导，往往技术复杂、代价昂贵。军队不妨换种思路：大量利用廉价的民用元器件和库存的非制导炸弹改装，尽量降低制导炸弹的制造成本。

另外，既然是炸弹，就可以取消动力系统，进一步降成本，顺便获得降低红外、噪声信号等"福利"，打击更隐蔽，令敌人防不胜防。

远程滑翔制导炸弹的第二个要求也是核心指标——打击距离远，这要依靠优秀的气动性能。

飞机投弹后，弹翼在中高空展开，助力炸弹从中高空精确打击上百千米外的目标。

什么是制导炸弹？

制导炸弹（Guided Bomb）是一种配备制导系统的航空炸弹（图7.14），能够在投放后通过制导装置引导自身，精确打击目标。与传统的自由落体炸弹不同，制导炸弹具备更高的命中精度，能够有效减少附带损伤。

图7.14 制导炸弹

制导炸弹通常由普通炸弹加装制导装置和控制翼面组成。常见的制导方式包括激光制导、红外制导、卫星导航制导等。其中，激光制导炸弹通过探测目标上反射的激光束来引导自身，精度较高。而卫星导航制导炸弹则利用全球定位系统（GPS）等进行导航，能够在各种天气条件下使用。

制导炸弹的应用提高了空中打击的精确性，减少了对非目标区域的破坏，已成为现代空军的重要武器装备。

7.7 反导系统

反导系统（反弹道导弹系统）是一种用于探测、跟踪并拦截来袭弹道导弹的防御体系。其主要目的是在敌方导弹到达目标之前，将其摧毁或使其失效，从而保护国家和重要设施的安全。

（1）反导系统的主要组成部分

探测与预警系统：利用地面雷达、预警卫星等设备，实时监测和发现敌方导弹的发射活动，提供早期预警信息。

指挥与控制系统：对获取的情报进行分析和处理，制定拦截方案，并协调各个作战单元的行动。

拦截武器系统：包括反导拦截弹、激光武器等，用于直接摧毁或干扰来袭导弹。

（2）反导系统的拦截阶段

根据弹道导弹飞行的不同阶段，反导系统的拦截可分为：

初段拦截：在敌方导弹刚刚发射、推进器工作阶段进行拦截。

中段拦截：在导弹进入太空、弹道最高点附近进行拦截。

末段拦截：在导弹重新进入大气层、接近目标时进行拦截。

目前，世界上只有少数国家具备完善的反导系统。例如，美国的萨德系统、俄罗斯的 S-400 系统和我国的红 -19 系统等。

随着高超声速导弹等新型威胁的出现，反导技术也在不断发展，以应对日益复杂的安全环境。

（3）反导系统的工作原理（图 7.15）

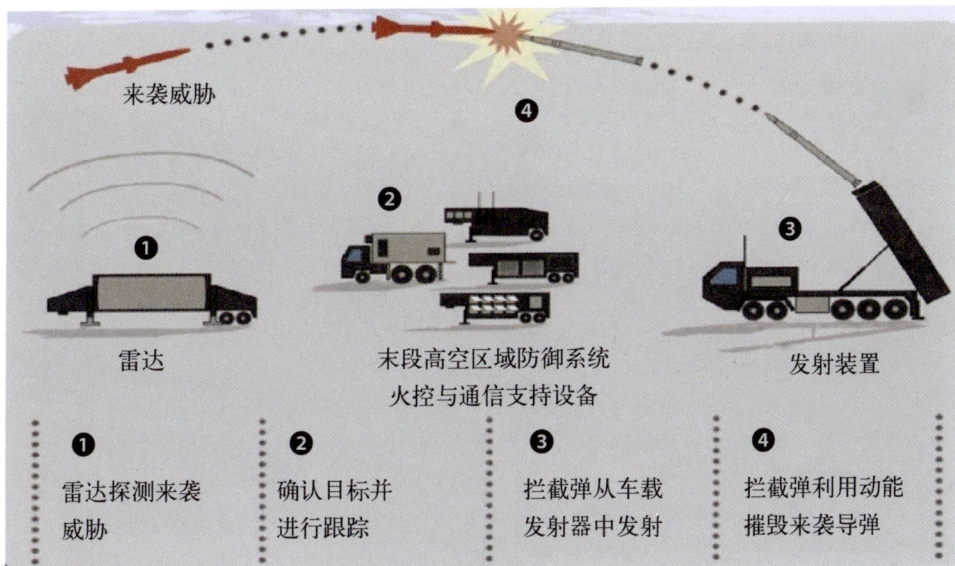

图 7.15 反导系统的工作原理

从雷达探测、卫星预警到中段拦截导弹击毁目标，涵盖了整个防御过程

预警与探测：反导系统通过预警雷达和卫星，实时监测敌方导弹的发射活动，提供早期预警信息。

指挥与控制：反导系统的指挥控制中心对获取的情报进行分析，制定拦截方案，并协调各个作战单元的行动。

拦截行动：反导系统通过发射拦截导弹，直接摧毁或干扰来袭导弹。

第 8 章
空间望远镜

望远镜问世后，人们的视线得以延长，眼界也更为开阔。随着科学技术的发展，特别是近年来望远镜与电子技术、X 射线技术、γ 射线技术、计算机技术的紧密结合，望远镜的聚光能力、分辨率、观测距离大幅提升，放大能力不断增强，其观测水准得到了极大提高。根据不同的使用需求，市面上相继出现了大地望远镜、测量望远镜、军事望远镜、观赏望远镜以及天文望远镜等多种类型。望远镜已成为人们从事科学研究和经济建设的有力助手，广泛应用于天文、导航、科学考察等领域，成为一项高科技产品，尤其重要的是，天文望远镜的发展水平已是反映一个国家经济实力和高科技水平的重要指标。

8.1 空间望远镜的发展

8.1.1 谁发明了世界上第一台望远镜

在科技史上，关于世界上第一台望远镜的发明者，普遍记载是意大利科学家伽利略。但伽利略却否认这一点，他说是荷兰人首先发明的，这是怎么回事呢？

1608 年，荷兰有一位眼镜制造商，名字叫 Hans Lippershey，他的两个孩子很调皮，偶然一个机会，他们从店铺里拿来两片透镜，一前一后列队排放着，用眼睛透过镜片张望后，发现远处教堂上的物体变得又大又近。Hans Lippershey 得知后非常高兴，随后，他用一个简易的筒，把两块透镜装好，就制造成了世界上第一台望远镜（图 8.1）。

1609 年，伽利略自制的透镜式望远镜仅能产生使物体放大三倍的效果，之后他不断改进，提高望远镜对物体的放大倍数。他利用改进的望远镜（图 8.2）观察太空后，发现了月球山、太阳黑子和无数肉眼不可见的星星。因此，伽利略虽不是第一个发明望远镜的人，却是世界上第一个用望远镜观测太空的人。

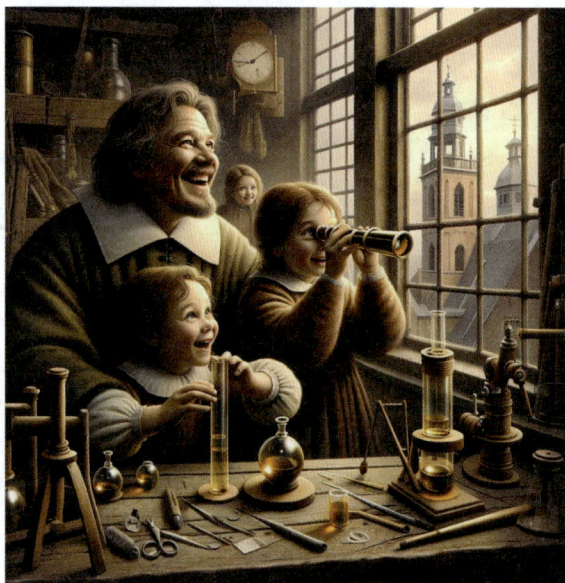

图 8.1　17 世纪，荷兰的 Hans Lippershey 和他的两个孩子发现望远镜原理

图 8.2　1609 年，伽利略用改进的望远镜观察太空，绘制了第一张月图，开启了天文研究的新纪

8.1.2 古代人制作的望远镜镜筒为什么那么长

在 17 世纪中期，折射望远镜的物镜由透镜或透镜组构成。人们发现，若要提升望远镜的放大倍数，方法之一是采用一组尺寸和间距更大的组合透镜。受这一理念影响，当时望远镜镜筒的长度不断增加。1673 年，J.Hevelius 制造了一架巨型望远镜（图 8.3），这种望远镜的透镜组悬挂于长达 45 米的开放式框架之上，整个镜筒则被吊装在一根 31 米高的桅杆上。使用时，需要多人协同，通过拉绳子的方式来实现镜筒的转动与升降。

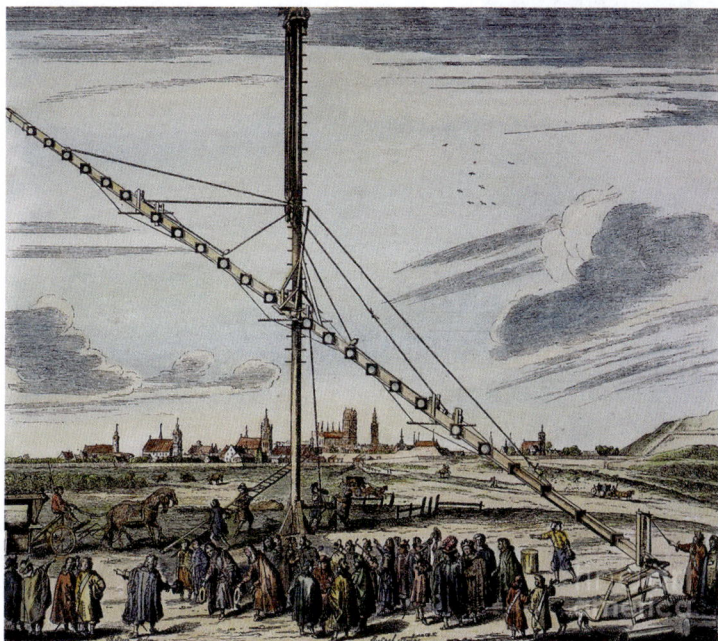

图 8.3 J.Hevelius 于 1673 年制造了一架巨型望远镜

另外，折射式望远镜焦距越大，色差越小，所以当时惠更斯干脆将物镜和目镜分开，将物镜吊在百尺高杆上。直到 19 世纪末，人们发现，将分别由两块折射率不同的玻璃制成的凸透镜和凹透镜组合起来，能够消色，至此，望远镜镜筒不断变长的时代才宣告结束。

8.1.3 谁发明了反射望远镜

1668 年，牛顿发明了反射望远镜（图 8.4）。在这种望远镜中，牛顿使用曲面反射镜将光线聚集，并将其反射至焦点处，曲面反射镜越大，收集到的光也越多。这种望远镜的放大倍率达到了数百万倍，超过了折射望远镜所能达到的极限。另外，使用曲面反射镜，不仅可以消除色差对影像造成的影响，还使得望远镜的结构更加紧凑。

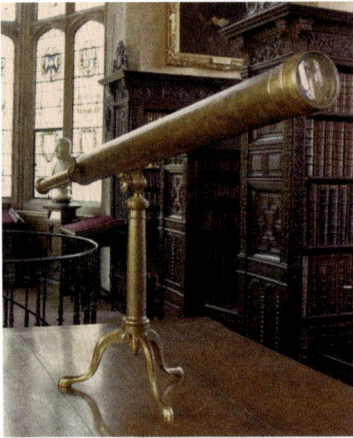

图 8.4 牛顿发明的反射望远镜

1781 年，英国天文学家赫歇尔发明了用于制作反射望远镜镜面的金属材料，这使他得以制造出观测距离更远的望远镜。凭借这一成果，他获得了诸多重大发现，其中甚至包括发现天王星等此前未被发现的天体。

随着时间的推移，牛顿曾经使用的直径约为 15 厘米的小铜镜，逐渐被更大口径的折射镜替代。1845 年，威廉·帕森思（William Parsons）在爱尔兰制成了一架口径为 183 厘米的反射望远镜（图 8.5），这架望远镜装有直径为 1.8 米镜片。但是，由于这台望远镜需要依靠一面墙体来支撑，所以它只能在有限的方向范围内观察。

图 8.5 十九世纪最大的望远镜

8.1.4 胡克望远镜及其贡献

1917 年，胡克望远镜在美国加利福尼亚的威尔逊山天文台建成，其口径为 2.5 米，是世界上第一台同时兼具大尺寸与机动性的望远镜（图 8.6），并且在 1949 年之前，一直稳坐世界最大望远镜的宝座。

图 8.6 建立在美国加利福尼亚的威尔逊山天文台的胡克望远镜

胡克是生物学家，同时也是天文学家。他在关注植物结构的同时，尝试测量恒星与我们之间的距离。胡克望远镜是由胡克出资赞助并建造的。埃德温·哈勃借助胡克望远镜，完成了关键计算，不仅确定了许多银河系外的星系，还认识到星系的红移，进而发现宇宙正在膨胀。

8.1.5 射电天文学与射电望远镜

1933 年，美国物理学家卡尔·詹斯基当时是一个负责搜索和鉴别电话干扰信号的工程师，他建造了一座大约 30 米长、6.5 米高的无线电天线（图 8.7），用来监测短波无线电信号，但却意外探测到来自宇宙的射电波，这些射电波蕴含着银河系产生和灭亡的相关信息，这个发现也标志着射电天文学的诞生。

30 年后，美国贝尔实验室无线电工程师阿诺·彭齐亚斯和罗伯特·威尔逊开始调查这种太空射电波，最后发现它竟然是大爆炸的最后遗留物，他们也因此而荣获 1978 年的诺贝尔物理学奖。

如今科学家们也将这种宇宙射电波称为"宇宙微波背景辐射"，射电波是长波无线电信号，因此，需要配备接收面积非常大的天线。射电望远镜就是用来观测和研

图 8.7 卡尔·詹斯基建造的无线电天线

究宇宙射电波的设备，可以测量宇宙射电信号的强度、频率和偏振等。射电望远镜由收集射电波的定向天线，放大射电波的高灵敏度接收机，以及射电信息处理和显示装置构成。

8.1.6 空间天文学的诞生

进行地面天文观测时，会受到地球大气的各种效应和复杂地球运动等因素的严重影响，因此，天文观测精度和观测对象受到了许多限制，远远不能满足现代天文研究的需要。

为了从根本上克服上述不利因素的影响，天文学的一门新的分支学科——"空间天文学"，伴随着航天技术的不断进步而迅速发展起来。1949年，美国天文学家用缴获的德国 V2 火箭搭载一种空间探测器飞出地球大气层外（图 8.8），作了一次短暂的

图 8.8 V2 火箭应用于太空环境研究

太空探索，这也是人类第一次开展太空环境研究，搭载的探测器不仅观测到了来自太阳的紫外线，还观测到了被大气层阻挡的来自遥远宇宙的射电波，如宇宙 X 射线。这是人类有史以来第一次开展空间天文观测实验，它开启了太空探索科学的新一页，也是空间天文学诞生的标志。

8.2　哈勃空间望远镜

1990 年 4 月，一架主镜直径为 2.4 米的光学望远镜被航天飞机送入了太空。此镜以美国天文学家哈勃（Edwin P.Hubble，1889—1953）的姓氏命名，称为"哈勃空间望远镜"。25 年来，"哈勃"的观测对天文学作出了莫大的贡献。

8.2.1　"哈勃"的故事

1923 年，德国火箭专家奥伯特曾在一篇文章中提及将望远镜置于地球轨道上的想法。1946 年，天文学家斯皮策专门就此写出报告，论述将望远镜置于太空中的优越性。1962 年，美国国家科学院将"大型空间望远镜"列为国家级优先项目予以重点推荐。1976 年美国国家航空与航天局（NASA）和欧洲空间局（ESA）共同提出，1977 年美国国会批准，向"大型空间望远镜计划"拨款。1978 年，美国着手为实施空间望远镜任务展开对宇航员的训练。1979 年，口径 2.4 米的空间望远镜主镜开始着手研制（图 8.9）。

图 8.9　研制中的"哈勃"主镜

1981 年，美国的空间望远镜研究所正式成立，研究所位于巴尔的摩市的约翰斯·霍普金斯大学内。1983 年，"大型空间望远镜"更名为哈勃空间望远镜。1984 年，欧洲的空间望远镜合作机构开始在德国开展工作。1985 年，望远镜的研制大功告成。"哈勃"上天，可谓已经万事俱备。

然而天有不测风云，1986 年，挑战者号航天飞机失事，所有航天飞机的任务全部搁浅，"哈勃"甚至濒临取消发射的绝境，好在结局顺利。1990 年 4 月 24 日，发现号航天飞机携带"哈勃"升空（图 8.10）。4 月 25 日，航天飞机机组将"哈勃"释放到轨道上。"哈勃"的设计工作寿命是 15 年，每 3 年维修一次，同时更换一些辅助设施。

图 8.10　携带哈勃空间望远镜的发现号航天飞机发射

在地球上，天文学家急切地等待着"哈勃"的首次观测结果。但是，1990 年 6 月传回的首批"哈勃"图像相当模糊。结果查明，"哈勃"的主镜存在球差。这件事情非常棘手，当时考虑了三种补救办法：第一种方案是用航天飞机把"哈勃"拉回地面，重新换一个主镜，但这样做所需时间太长，要到 1996 年"哈勃"才能重返太空；第二种方案是让宇航员上天，在望远镜的光路中插入一个改正镜，就像给"哈勃"戴上一副眼镜以纠正它的视力，但是"哈勃"的设计并未预留"戴眼镜"的空间。真正实施的是下述的第三种方案。

问题的根源在于"哈勃"制造过程中，测试阶段的光学系统装配有误。而幸运的是，整套测试系统在实验室中一直保持原状，技术人员能够据此重现出错的细节，这正是"哈勃"最终能够臻于完美的关键。在接下来的两年里，科学家和工程师们协力研制了一套光学改正系统，名叫"矫正光学空间望远镜中轴置换"（简称 COSTAR，图 8.11），这是由 5 对光学反射镜组成的复杂部件，可以纠正哈勃主镜的球差。

图 8.11 陈列在美国国家航空航天博物馆的 COSTAR

1993 年 12 月 2 日，奋进号航天飞机载着 7 名宇航员和 8 吨器材，进入太空抓住"哈勃"，对它进行首次维修。其中的关键是拆除原有的高速光度计，换上能够矫正"哈勃"视力的 COSTAR。同时，自带光学改正部件的广角行星照相机 2（WFPC2）取代了广角行星照相机 1（WFPC1）。12 月 9 日，宇航员轻按电钮，将"哈勃"重新释放到它的运行轨道上。修复后的"哈勃"不负众望，源源不断地向地面送回极佳的图像数据。此事显示了美国宇航员在太空中从事高难度操作的能力，为日后兴建空间站积累了宝贵的经验。

"哈勃"的研制耗资逾 20 亿美元，先后有上万人参与。维修后，它不但消除了像差，分辨率也比原先设计得更高，达到了 0.1 "。后来，"哈勃"又于 1997 年 2 月（第 2 次）、1999 年 12 月（第 3A 次）、2002 年 3 月（第 3B 次）成功地进行太空维修。2009 年 5 月，是"哈勃"最后一次维修。

设计寿命 15 年的哈勃空间望远镜，已经在太空中运行超过 30 年。随着詹姆斯·韦伯太空望远镜（JWST）的成功发射，哈勃望远镜的接班人已正式上岗。JWST 具备更强大的观测能力，能够观测到更遥远、更古老的宇宙。

8.2.2 哈勃空间望远镜的组成

哈勃空间望远镜（Hubble Space Telescope，缩写 HST）是美国航宇局研制的最昂贵和技术最复杂的一颗科学卫星。这颗卫星由马歇尔中心、洛克希德公司和帕金·埃尔曼公司组成的承包小组负责研制。欧空局和几家欧洲公司也参与了研制工作，并负担 15% 费用，研制太阳电池翼和暗弱天体照相机两个部件。作为交换，美国航宇局保证欧洲科学家获得 15% 的观测资料。

哈勃空间望远镜运行的轨道为高度约543千米的圆形轨道，轨道周期为96分钟，轨道倾角为28.5°。

"哈勃"由三大部分组成：光学部件、科学仪器、保障系统。卫星重2.5吨，主结构尺寸为13.2米×4.2米，太阳电池翼全部展开后，宽度可增加到13.7米（图8.12）。

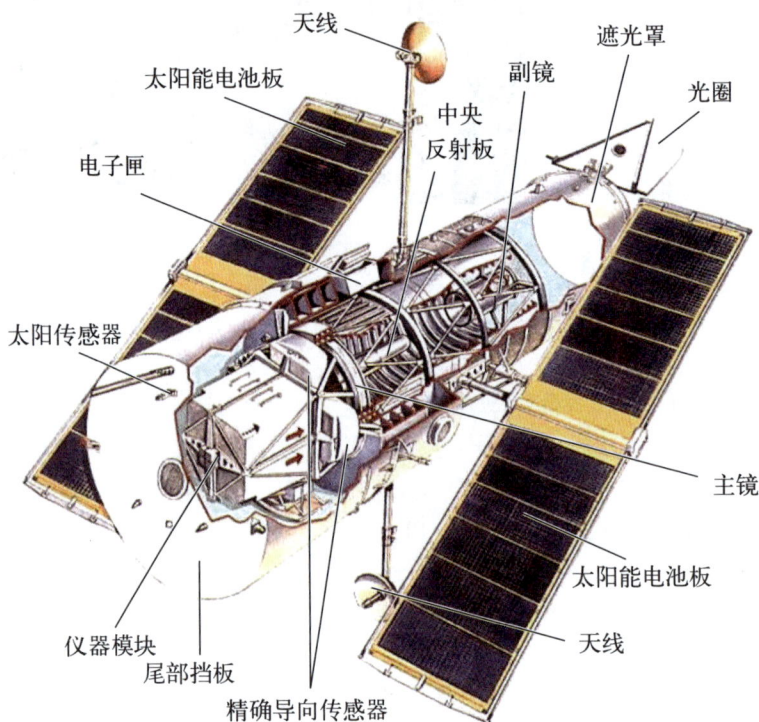

图8.12 哈勃空间望远镜结构示意图

（1）光学部件

光学部件指的是卡塞格伦式光学望远镜，由埃尔曼公司制造。入射光由舱门（宽约3米）进入，射到主镜（直径2.4米），再反射到在它前方4.88米处的副镜（直径0.3米），副镜将光线聚焦后，重新返回到主镜，从主镜中央小孔穿过到达焦平面。

为了减轻镜子重量，美国柯宁玻璃厂采用超低膨胀系数的玻璃制造镜坯。镜坯由两个2.5厘米厚的玻璃片制成，中间夹有30.5厘米的玻璃蜂窝，这样主镜重量只有816千克。镜子的聚焦误差不超过氦激光波长的1/20。镜子表面镀覆约0.6纳米（1纳米 =1×10⁻⁹米）厚的铝，铝膜表面再镀覆约0.6纳米厚的氟化镁。

两面镜子用由140根杆组成的桁架支撑。支撑杆由波音公司制造，采用环氧石墨材料。为了托住这两面镜子，并使它们在一条直线上，既要修正地面安装时重力的影响，又要经受住发射时的力学环境和轨道300℃的温度变化，在主镜背后装有

24 个作动器，在副镜背后装有 6 个作动器。一旦镜子变形，由作动器调节，使聚焦光线能到达焦平面。

（2）保障系统

哈勃空间望远镜上的姿态控制系统由洛克希德公司负责研制，设计中要求它的指向精度为 1.9×10^{-6} 度，并且能保持 10 小时以上。整个姿态控制系统包括太阳敏感器、固定式恒星跟踪器、磁敏感器、6 个姿态陀螺仪、4 个反作用飞轮和 3 个精确制导敏感器。飞轮直径约 0.6 米，转速约 3000 转 / 分。

望远镜筒体上对称地装有两副高增益天线，它们装在长为 4.8 米且可伸展的杆上。探测数据以 1 兆字节每秒的速率通过数据中继卫星传到地面。在伯尔第莫的空间望远镜研究所里有 380 人接收和处理这些数据。

望远镜筒体两侧是太阳电池翼收藏盒，盒长 4.8 米。每个太阳电池翼全部展开后有 12 米。

望远镜上的计算机内储存了一个涵盖 1500 万颗恒星数据的星表。该星表是天文学家花了 5 年时间建立起来的，它以数字形式将恒星的亮度和位置数据储存在计算机内，将成为姿控系统瞄准某颗恒星时的参考。

望远镜上的其他部件有，发射机、指令接收机、自动循环检测装置和轨道器连接的供电电缆，在窄筒段有 2 个机械臂抓捕装置。

在推迟发射的几年中，哈勃望远镜又做了下列改进。

① 采用不易老化的新太阳电池翼，比原来的太阳电池翼多供电 40%。

② 用长寿命的镍氢蓄电池代替镍锡蓄电池。

③ 改进安全系统，保障望远镜的自身生存能力。

④ 由于推迟发射，许多电子部件已装在卫星上有 7～10 年时间，为了保证可靠性和长寿命，更换了一些电子部件。

⑤ 增加了轨道替换单元，将来可由航天飞机宇航员在轨道上更换这些部件。

（3）科学仪器

哈勃望远镜上有 5 个科学仪器，分别提供可见光、红外线和紫外线波段的数据。

① 广角 / 行星照相机（WF/PC）其由喷气推进实验室制造，重约 270 千克。它的广角镜可拍摄几十个到上百个星系的照片，其清晰度是地基望远镜的 10 倍；行星部分用窄角镜头拍摄，可提供火星、木星、土星、天王星和海王星的气象资料。和其他仪器不同之处是，它在望远镜的焦平面上聚焦，有 4 个棱镜将光线集中到焦平面的 CCD 阵上。

② 暗弱天体照相机（FOC）其由欧洲道尼尔、马特拉和英国航宇三家公司制造，重约 320 千克。它有三级电子星象增强器，能将目标天体亮度放大 10 万倍，可观测到比地基望远镜观测远 5～7 倍距离的天体。它有极高灵敏度，甚至能探测到单

个光子。

③ 暗弱天体摄谱仪（FOS）其由马丽埃塔公司制造，重约 310 千克。它能拍摄到暗弱天体，特别是星系喷发；测量深空天体的化学组分；研究类星体的特征。它的掩星装置能帮助 FOC 研究明亮天体附近的暗弱天体，如红巨星——比太阳大许多倍的非常古老的恒星。

④ 戈达德高分辨摄谱仪（GHRS）其由 Ball 航宇系统部制造，重约 320 千克。它是卫星的主要紫外仪器，提供恒星天体的组分、温度和密度数据，也能研究银河系冕和其他星系冕。

⑤ 高速尤度计（HSP）其由威斯康星州的大学设计，重约 270 千克。它测量天体目标从紫外线到可见光的亮度及随时间的变化；观测爆发变星、快速脉冲星和双星。它有 5 个电子敏感光源探测器。

卫星上还装有精确制导敏感器，它可测出卫星到目标天体的距离。测量精度是地基望远镜的 10 倍。

8.2.3　延寿"哈勃"

美国宇航局正在考虑，借助执行商业任务的龙飞船，为哈勃太空望远镜提供在轨维护、升轨延寿等服务（图 8.13）。

（1）让"哈勃"续命到 2050 年

2022 年，美国宇航局和 SpaceX 公司签署协议，主要由商业富豪出资，研究如

图 8.13　SpaceX 龙飞船与"哈勃"望远镜在轨对接计划，协助提升"哈勃"望远镜至 600 千米的轨道高度

何利用龙飞船帮助哈勃太空望远镜延寿。初步规划是，龙飞船充当拖船，将"哈勃"的轨道高度提升数十千米，恢复最初设计的 600 千米轨道高度，并维持稳定运行到 2050 年。

自 2009 年维护以来，在大气阻力、地球电磁场、太阳辐射压力等综合影响下，"哈勃"的轨道高度逐渐下降。据估算，如果不采取挽救措施，"哈勃"在 2037 年有至少 50% 的可能性再入大气层。然而，航天飞机已全部退役，美国宇航局近年来希望延长"哈勃"的工作寿命，却面临"巧妇难为无米之炊"的窘境。

正所谓"天无绝人之路"。航天飞机曾在"哈勃"上安装了圆形柔性捕获装置，当时是为便于对接机器人或航天器，处理紧急事务，并在"哈勃"退役时将其拖离轨道，没想到这个装置使龙飞船为"哈勃"升轨延寿成为可能。

不过，SpaceX 公司完成这项任务仍面临较大困难。美国宇航局没有提供最新数据和资料，所以龙飞船与"哈勃"对接所需数据、提升轨道所消耗的能量等都需要 SpaceX 公司自行计算。这需要依据大量历史数据，并借助建模和仿真手段，地面团队才有望准确掌握。

此外，航天器的实际运行轨道即便偏离设计轨道，误差一般也会保持在给定范围内。如果偏离过大，维持轨道的动力执行器会及时启动，自主地修正误差，调整轨道。"哈勃"的轨道高度已经下降了 30 多千米，估计它的轨道维持动力装置已停止工作，或许是没有燃料了，或许是出现卡死故障等，具体原因需要地面团队根据大量历史遥测参数分析后才能确定。

考虑到这些困难，外界估计，龙飞船提升"哈勃"轨道的行动可能要 2028 年以后才能实施。

（2）延寿"哈勃"的意外收获

龙飞船如果真能为"哈勃"延寿，美国宇航局会收获巨大的经济效益——且不说"哈勃"本身价值 15 亿美元（这是 1990 年的币值），此前美国宇航局曾规划在 2030 年前确保"哈勃"安全地受控离轨，需要付出的精力和代价可想而知。更重要的是，这项任务极有可能成为太空垃圾清理事业的曙光。

随着航天发射和在轨试验越来越多，近地轨道上聚集了大量太空垃圾，不时酿成"太空撞车"，威胁航天器安全。哈勃太空望远镜这样的近地轨道大型航天器如果能被成功抢救，无疑会鼓舞商业航天新势力涌入太空垃圾清理，航天器补加推进剂、抢救等领域。

此前，国外一些商业航天企业提出了花样百出的太空垃圾清理方案：有的计划使用高强度纤维编织的大网，大量拦截空间碎片；有的设想部署较高功率的激光发射器，使细碎的太空垃圾受热融化或被"打飞"到更远的轨道；有的建议开发太空机器人，依靠机械臂抱住太空垃圾，或者用超级黏合剂紧紧地粘住空间碎片；还有的想给太空垃圾插上"翅膀"，也就是发射可折叠的薄膜，与太空垃圾对接后展开，把太空垃圾拖走。

随着技术进步和试验进展，精打细算的商业航天公司决定"更进一步"，认为把太空垃圾销毁或拖去墓地轨道显得浪费，不如通过补加推进剂（图 8.14），让到寿的航天器"起死回生"，或者回收太空垃圾的高价值材料，在轨加工。

2020 年 2 月 25 日，美国在轨延寿飞行器 MEV-1 成功对接了即将到寿命的卫星，使这颗卫星可以继续工作 5 年。此后，在轨延寿服务进入常态化运营阶段。

一些商业航天公司更加雄心勃勃，不满足于一对一服务，而是规划建设"太空加油站"。科研团队从立方星的概念出发，以桁架中央结构为主体，两边各放置多个立方星大小的燃料储箱，在末端装上对接机构，便于推进剂不足的卫星在轨补给。

随着航天器利用的轨道越来越多，未来"太空加油站"很可能广泛分布在近地轨道、月球轨道乃至更遥远的深空探测途中。

图 8.14 航天器提供卫星在轨补加服务示意图

8.3 韦伯望远镜

8.3.1 韦伯望远镜的命名

　　美国航空航天局设计了哈勃望远镜的接班人——"詹姆斯·韦伯太空望远镜"，简称"韦伯望远镜"。韦伯望远镜最初曾被命名为"新一代太空望远镜"，其英文缩写是 NGST（Next Generation Space Telescope）。直到 2002 年 9 月，NASA 才采用前任美国宇航局的第二任局长的名字"詹姆斯·韦伯"，将它更名为韦伯望远镜。见图8.15 所示。

图 8.15　韦伯望远镜（左）和美国宇航局的第二任局长的詹姆斯·韦伯（右）

　　为什么更名呢？这是因为韦伯担任美国宇航局领导人时，曾掀开了美国航天事业的新篇章，其中包括"探测月球"计划和"阿波罗登月"计划等。所以，詹姆斯·韦伯望远镜寄托着人们的厚望。

8.3.2 韦伯望远镜与哈勃望远镜比较

　　哈勃望远镜是光学望远镜，它与韦伯望远镜的一个重要不同点在于，韦伯望远镜是一个大型的红外线望远镜，其主要的任务是调查宇宙大爆炸的残余红外线证据。

　　韦伯望远镜与哈勃望远镜的另一个不同点是，韦伯望远镜的奇特主镜，可以让观测精度高于哈勃望远镜很多倍，进而可以为人类提供更翔实的遥远宇宙细节。

　　还有，韦伯望远镜将被部署在比哈勃位置更远的 L2 点上，以至于它的镜面可以收集到更多的光，并且可以观测时光倒流。见图 8.16 所示。因此，韦伯望远镜也是一部强大的时间机器，可观测到宇宙诞生之后的第一批星系，科学家认为如果哈勃望远镜的观测成果修改了所有教科书，那么韦伯望远镜将再次改写所有课本。

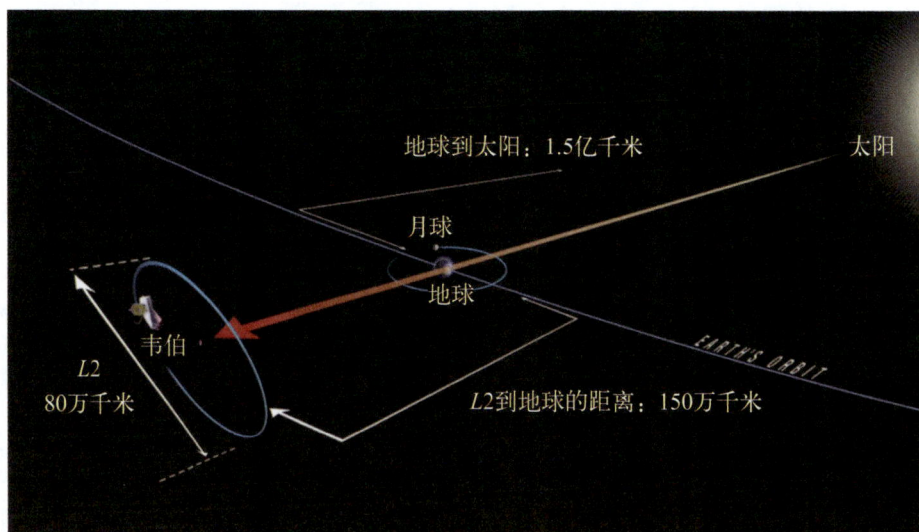

图 8.16 从图中可以清楚地看出，韦伯望远镜跟随地球绕太阳转，同时每 198 绕 L2 点转一圈，另外韦伯的镜子总是位于遮光板的阴影中

前面提到了韦伯望远镜部署在 L2 点上，那么，什么是 L2 点呢？

法国数学家拉格朗日（Lagrangian points）于 1772 年证明了在两个大物体的引力作用下，存在能够使一个小物体稳定的点。在太空里，目前这样的点一共发现 5 个，被称为拉格朗日点，L2 点是 5 个拉格朗日点之一。L2 点位于太阳和地球的连线上、地球外侧约 150 万千米处。在 L2 点上，韦伯望远镜长期驻留只需消耗很少的燃料，见图 8.17 所示。

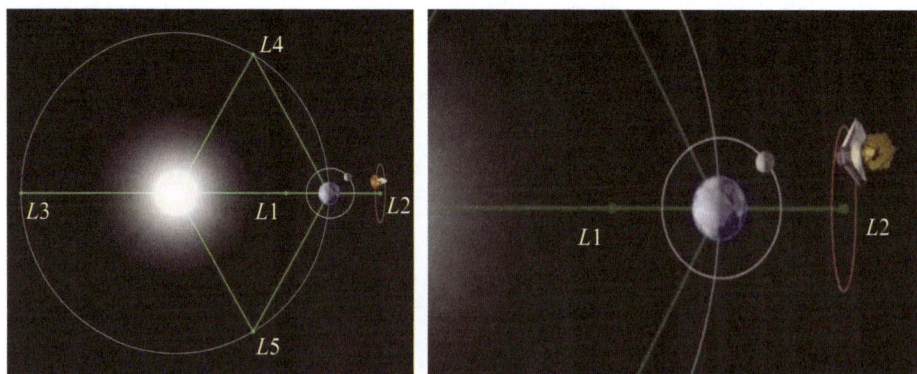

图 8.17 太空中的五个拉格朗日点（左）和位于 L2 点韦伯望远镜（右）

8.3.3 韦伯望远镜的结构

韦伯望远镜是一台大型太空红外线望远镜，其质量为 6.2 吨。它的镜面系统分为主镜、次镜和三镜，其质量约为哈勃望远镜质量的一半。主镜由铍制成，口径达到 6.5 米，面积为哈勃太空望远镜的 5 倍以上。镜面系统被分割成 18 块六角形的镜片，可以被精心折叠和展开，展开后"韦伯"看上去像一朵金色的莲花，科幻色彩浓厚。

韦伯望远镜还有一个 5 层网球场大小的太阳遮光板，可以将太阳光削弱数百万倍。它的四个光学镜头和分光仪都配备了特别灵敏的检测器，可以捕捉到非常微弱的光信号。其中一个光学镜头装有微型快门，能够同时观测 100 个物体。

韦伯望远镜中的制冷器是用来冷却红外线检测器及其他仪器的，使其降温至 7K 并维持工作状态。为了将韦伯制作成这样的形状，科学家借鉴了地球上最大的光学望远镜——凯克望远镜，并让韦伯的镜面得以扩展，强度得以增加。见图 8.18。

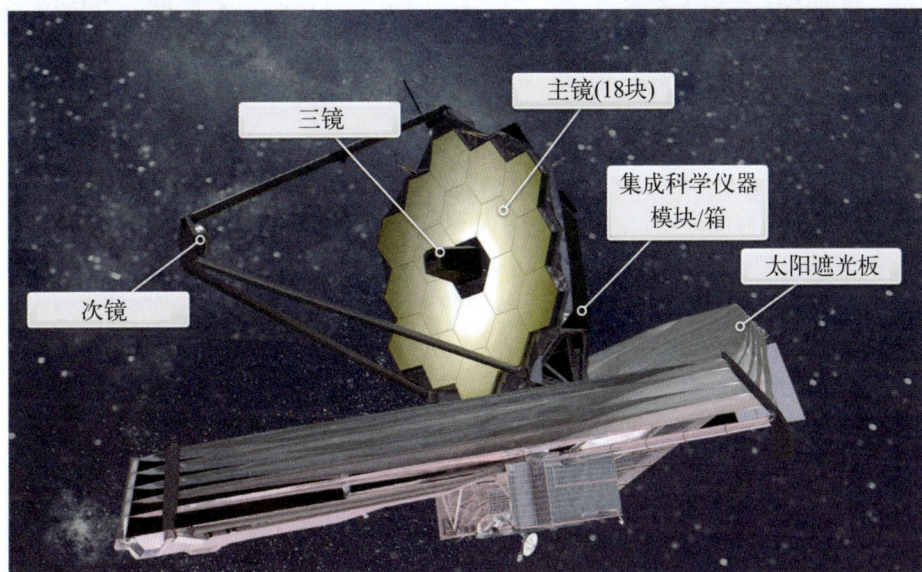

图 8.18 韦伯望远镜的系统组成

8.3.4 韦伯望远镜与环状星云 M57

2023 年 8 月 3 日，美国宇航局发布韦伯空间望远镜传回的最新照片（图 8.19），以前所未有的清晰程度展示了环状星云 M57。韦伯望远镜在距离地球 150 万千米的位置，巧妙地捕捉到了距离地球约 2600 光年的环状星云 M57 的细致结构图像。更重要的是，科学家可以通过深入观察这种照片，探索恒星生命的最后时刻，毕竟再过 50 亿年，孕育地球生命的太阳也将迎来同样的命运。

图8.19 韦伯望远镜捕获到的环状星云 M57

那么，酷似甜甜圈的环状星云 M57 是谁发现的呢？1779 年 1 月，法国天文学家安托万·达奎尔·德·佩勒普瓦发现了一颗环状星云。巧合的是，另一位法国天文学家查尔斯·梅西耶也发现了它，并把这个天体收入自己编制的星表中，排在第 57 位，简称 M57。当时，梅西耶不知道这个天体到底是什么，但他断定它是一群暗淡的恒星。直到 19 世纪后期，英国天文学家威廉·哈金斯指出，它根本不是由恒星组成的，而是由发光气体组成的。20 世纪后期，哈勃太空望远镜展示出环状星云美丽的真容。

环状星云是怎样形成的呢？科学家们推测，产生环状星云的事件发生在大约 4000 年前。它由一颗小恒星在其生命周期结束时喷射其外层气体而形成，并且这颗恒星的核心仍然以白矮星的形式存在，它电离了周围的气体，这些气体在这颗白矮星的周围不断扩散，并在白矮星的高能辐射下，产生令人印象深刻的不同颜色的光。

科学家们还推测出环状星云 M57 的未来：形成环状星云的原始恒星应该比太阳大好几倍，但还没有大到能够爆炸成超新星的程度。环状星云直径约 1 光年，以 150 万千米 / 天的速度膨胀。在未来的几千年里，环状星云的直径会增加 50%，然后开始褪色和分散。

环状星云的名字又是如何得来的呢？天文学家解释称，环状星云因其图像呈现出纤细的结构形状而得名。另外，法国天文学家佩勒普瓦发现环形星云时，把这个物体描述为"像木星一样大，像一颗正在褪色的行星"，这也导致了"行星状星云"这一术语的产生。不过，后来人们通过小型望远镜观察环状星云 M57 时，发现它确实具有行星状的外观。所以，环状星云也被归类为行星状星云，但与行星没有任何关系。

8.3.5　韦伯望远镜将证实宇宙形成的历史

据宇宙大爆炸理论，宇宙在大爆炸中诞生，那时的宇宙缺少离散的光源，到处弥漫着冰冷朦胧的氢气和氦气薄雾。在最初几十万年里，宇宙是一个巨大而灼热的原子团。随着宇宙后来的扩张和冷却，这些带着高能量的粒子最终合成了中性的原子。许多年后，密度大的区域在重力的作用下分崩离析，宇宙的中性氢凝结成块。最后这些区域的密度越来越大，核反应堆就形成了。当第一批星球诞生后，它们的光线和辐射与氢气发生了剧烈的摩擦和碰撞，中性的原子破碎，一个个质子和电子散播开来。起初，这些区域就像细小的水泡或是高能源电离气体的集合。然而，中性原子仍然是宇宙中最主要的部分，其作用是阻止光在太空中肆意穿梭。

韦伯望远镜将帮助人类观测到宇宙初期的星云和星球，以及星球形成时的尘云以及行星气流。它的观测结果将有助于人类研究宇宙的历史，从宇宙大爆炸时的耀眼光芒到太阳系的形成和发展，这些谜底将被逐一揭开（图 8.20）。

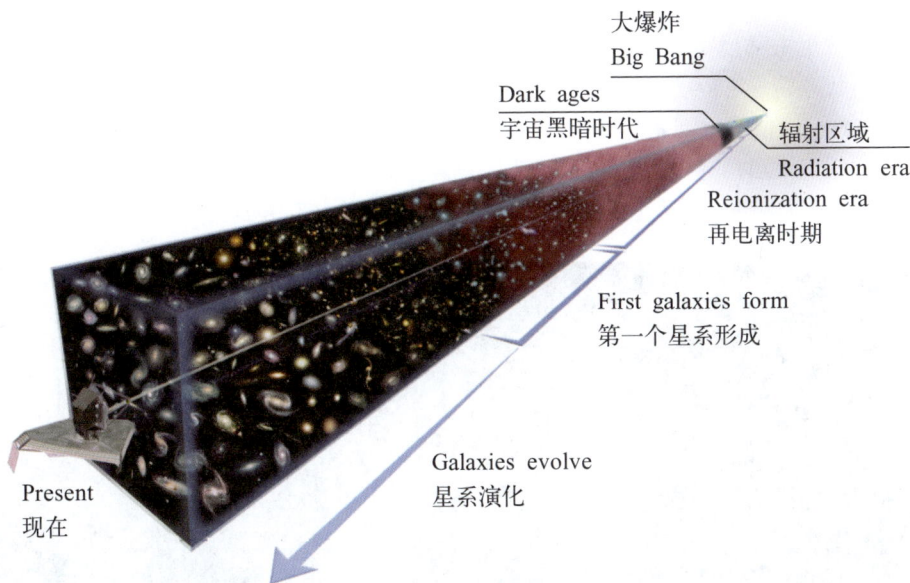

图 8.20　韦伯望远镜的深层观测

8.4　流体望远镜："韦伯"的后任

通常，望远镜的体积越大，收集的光量就越多，天文学家看到的星体就越清晰、越详细。韦伯太空望远镜是目前口径最大的太空望远镜，其主镜的口径为 6.5 米，但观测效果可能还满足不了未来天文学家的需求。

由美国宇航局和以色列理工学院联合领导的流体望远镜项目团队，瞄准了口径约为 50 米的流体望远镜，以满足天文学领域未来发展的需要。

但是，望远镜口径越大，送入太空就越困难。韦伯望远镜的 6.5 米口径镜片，是采用折纸方式折叠起来，才得以安放在火箭内部。假如将太空望远镜的口径扩大到 10 米，想凭借现如今的火箭把望远镜送入太空，就很难行得通。

况且，流体望远镜的口径为 50 米，相当于足球场的一半长，显然无法按照常规方法送入太空。不仅如此，流体望远镜的透镜设计不只局限于 50 米的尺寸，甚至可以增加到 10 千米。50 米的镜面尚且可以用超重型"星舰"发射部署，那么更大的镜面又该如何部署呢？

此外，光学产品的制作是通过反复打磨和抛光玻璃或金属，直到获得所需的形状和曲线而实现的。对于如此大的透镜，这也是一个非常昂贵的加工过程，也只能在地球上进行。

然而，流体望远镜是用特殊的流体聚合物制作的高精度透镜，具有与流体相似的性质。众所周知，流体即液体，具有类似弹性的力，这种力被称为"表面张力"。在太空微重力环境下，由于表面张力，液体会呈现出完美的球形。基于这一原理，设计团队开始思考能否在太空中利用液滴制作出高精度的透镜，即流体望远镜的主件。这样一来，以上问题都能迎刃而解。

据报道，目前这一流体望远镜项目已经进入实验测试阶段，其中包括地面测试实验、微重力测试实验，以及太空液体透镜观测实验（图 8.21）。

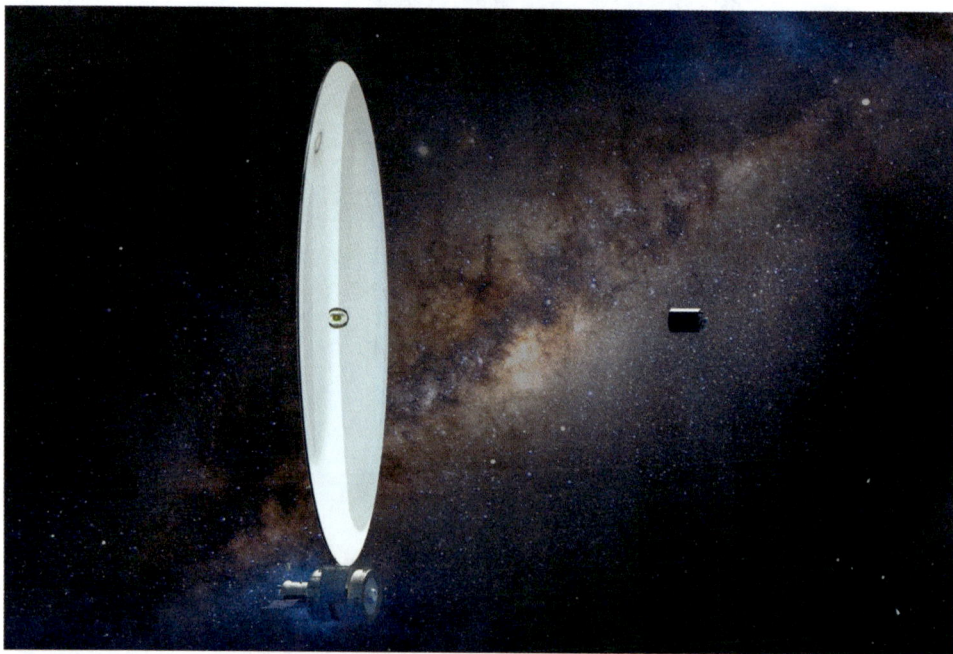

图 8.21 利用液体在太空建造巨大望远镜的最后阶段

地面测试实验比较容易操作，所以很快就完成了。微重力测试实验于2021年12月进行2次零重力抛物线飞行时，实现15～20秒的微重力周期。团队用液体透镜捕获观测数据，分析是否可以对目标进行有效观测。除此之外，实验团队还利用激光对液体透镜的精度进行超快速和超精确的测量。太空液体透镜观测实验于2022年4月12日首次在国际空间站里完成。

综上所述，流体望远镜实验的进行有着超乎想象的发展前景，这是人类第一次在太空中制造望远镜的透镜组件，为未来建造大型空间天文观测台打下坚实的基础。

顺带一提，流体望远镜并不是独创。牛顿在1668年发明了第一架反射式望远镜后，提出了液体镜面望远镜这一想法。之后天文学家欧内斯特·卡波西进一步提出以装有水银的圆盘作为望远镜主镜的想法。20世纪初，美国科学家在这一想法的基础上做了一些实验，但结果并不是十分让人满意。

1993年，科学家们制造出了一台口径为2.7米的旋转水银面望远镜，取得了预期效果。之后，加拿大不列颠哥伦比亚大学的保尔·希克森为美国宇航局在新墨西哥州建造了一台液体镜面望远镜。2003年，不列颠哥伦比亚大学又建成了一台口径为6米的旋转水银面望远镜。

2007年，美国一个科研小组想在月球上建造水银液体镜面望远镜，但面临的难题是月球的低温会使水银凝固。后来加拿大魁北克拉瓦勒大学物理学的科研小组把液体铬加入到一种特殊的防水溶剂里，然后把水银铺在液体铬上，得到的液体镜面光学性能"极为出色"。

2022年，英国《新科学家》杂志网站发布文章称，由比利时、加拿大和印度联合建造的，价值200万美元、直径4米的"国际液体镜面望远镜"已于喜马拉雅山上睁开"眼睛"，看向宇宙深处。

8.5　在月球背面部署最大的射电望远镜

登上月球到底能做什么？一直是人们关心的问题话题。很久以前，天文学家就希望在月球上部署天文台的设想。最近，科学家提出了在月球上部署射电望远镜的方案。

8.5.1　在月球背面部署射电望远镜的优点

在月球背面部署射电望远镜，可以观察到波长大于10米，即频率低于30兆赫兹的宇宙信息。科学家推测这个频道可以接收到太阳系以外的重要的宇宙信号，但是人们在地球上接收不到这部分波长的宇宙信息，因为它被地球的电离层所吸收。

另外，因为月球没有大气层，所以月球还充当了一个天然的物理屏障，阻断来自地球的无线电信号，免受来自嘈杂地球上发出的无线电波，人造卫星发出的无线电波，以及月夜期间太阳发出的电磁波的干扰。因此观测效果会大大加强。

8.5.2 在月球背面部署射电望远镜的方案

科学家设想，在月球背面建造一个巨大的、千米宽的射电望远镜（图8.22），形状类似于地球部署的射电望远镜。该望远镜由爬壁机器人建造，爬壁机器人的特点是它们可以在陡峭地形上行走。射电望远镜是碟形，直径约为1千米的金属网，布局在月球背面的一个3～5千米宽的撞击坑内部。这个部署在月球撞击坑中的射电望远镜可以从一个独特的视角，来观察早期的宇宙，并且它很有可能帮助人类回答当今天文学中最大的谜团之一，暗物质和暗能量是什么？这架射电望远镜需要花几十年的时间建设。

图8.22 机器人正在月球背面的陨石坑里部署射电望远镜（假想图）

8.5.3 在月球背面部署射电望远镜所面临的挑战

（1）射电望远镜尺寸面临的挑战

基于所用材料的强度和抵抗风载荷的考虑，碟形射电望远镜只能建设一定的尺寸。为了避免这些问题，地球上最大的射电望远镜安装在具有特定地形区域中。例如，中国的天眼就是在一个天然碟形的天坑里。

从某种意义上说，在月球上建造这架射电望远镜要更容易一些。因为月球重力是地球的 1/6，这就意味着可以用更轻的材料建造更大的结构。月球没有大气层意味着没有风暴，也没有面临其他地球环境灾害的风险，但月球的严酷温度会给这架望远镜带来挑战。

（2）可折展结构

虽然在月球上建筑会有很多优势，但在月球上建筑也面临着独特而重大的挑战，特别是月球环境和运输方面问题。

这架望远镜在地球上可直接建成一个大型的结构，但在月球上，它要做成由导电铝线制成极轻的网状结构，并小心地折叠成一个包裹，放入一个大型火箭的整流罩里。

8.6 FarView 天文台

FarView 天文台项目是由国际空间机构和研究机构领导的一个雄心勃勃的计划，其目的是在月球背面建立一个大规模的天线阵列（图 8.23）。FarView 天文台的核心是一个低频（5—40 兆赫兹）无线电干涉仪阵列，由约 10 万个偶极子天线组成。项目计划从月球表面提取建筑材料，并利用机器人漫游车构建一个覆盖 400 平方千米的大规模天线网络。如果该项目顺利完成，FarView 将使射电天文学家能够在低频射电波段以前所未有的清晰度观测天空。

射电望远镜在隔离环境下工作效果最佳。在地球上，射电望远镜操作员需要在望远镜周围建立巨大的禁区，以避免手机、无线网络，甚至汽油车火花塞带来的干扰。FarView 计划将望远镜置于我们所能达到的最寂静的地方——远离地球和所有嘈杂设备。通过这个月球天文台，天文学家将能够更清晰地聆听宇宙，甚至追溯到宇宙黑暗时代，也就是第一批恒星形成的时期。FarView 的建造成本预计仅为詹姆斯·韦布望远镜的 10%，且可以运行超过 50 年。

8.6.1 利用月球土壤建造

降低成本的关键是使用月球现有材料建造 FarView，这也被称为原位资源利用

图 8.23 艺术家对月球车在月球背面放置天线的描绘

（In-Situ Resource Utilization，ISRU）。近年来，ISRU 已成为月球和火星探索中的热门话题，因为它对维持月球和火星的长期人类活动至关重要。在 FarView 项目中，ISRU 将通过使用月球风化层建造望远镜，降低昂贵的发射成本，避免地球引力并带来的难题。

　　FarView 的制造工艺依赖于两种技术：第一种是熔融风化层电解（将月球土壤熔化以分离金属和氧气）；第二种是真空沉积（铺设薄如箔状的材料）。月球表面的风化层是金属氧化物的混合物，月海地区富含铁，高地地区富含铝，而硅和镁等元素在整个月球表面都有分布。在月球上利用原材料制造的挑战在于如何打破风化层中的氧键，并通过电流提取出这些原材料。

　　一个小型的机器人加工工厂将从月壤中提取金属，并输送到漫游车中。漫游车在行驶过程中"将风化层表面熔化成玻璃，然后将金属天线、连接电线及其他必要的基础设施铺设在上面。"按照这种方法，建造 10 万个长 10 米的偶极天线将需要 26 个月的时间。由于月球的日夜周期较长，漫游车只能在月昼期间工作，月夜则需进入休眠状态。

8.6.2　挑战与机遇

　　建造月球望远镜听起来复杂，但一旦材料提取出来，过程相对简单。在月球表面铺设金属箔条不算太难，且不需要任何大型承重结构。最好的方面是，金属偶极天线理论上可以维护和修理，这将大大延长 FarView 的使用寿命。

然而，要开始运行，可能需要先建立其他基础设施。目前的计划是使用风化层制造太阳能电池板和电池，为望远镜提供电力。这些原位资源利用技术预计将在未来几年内与阿尔忒弥斯计划同步测试和验证。

8.6.3　通信问题与解决方案

为了确保 FarView 成功，还需要考虑通信问题。2019 年中国成功将嫦娥四号探测器降落在月球背面之前，首先在地月 L2 拉格朗日点部署了一颗通信卫星（鹊桥）以确保与地球通信。NASA 目前尚无类似卫星——而近年来太空领域与中国的合作一直面临挑战。要在月球背面建造天文台，将需要在工程或外交方面取得创新突破。

8.6.4　月球天文台是天文学的未来吗

随着星链等新型巨型卫星星座在未来几十年内逐步上线，仅仅基于地球发展的天文学面临越来越大的挑战。这些低轨卫星群在望远镜观测图像中留下的明亮光线痕迹会造成光污染。月球天文台似乎是规避这一问题的有前景的替代方案。但事实上，对于大多数望远镜来说，地球上的建造成本和便利性是无可替代的，即使偶尔会受到星链的干扰。因此，像 FarView 这样的月球天文台项目可能只会作为地基天文台的补充，而不是取代它们，至少在短期内不会如此，即便有 ISRU 技术的帮助也不例外。

FarView 的激动人心之处不在于它能解决星链问题（这一问题主要影响光学望远镜），而在于它为低频射电天文学提供了一个独特的机会——在地球上，由于我们制造的各种射电噪声，这种观测几乎无法实现。通过 FarView，我们有望获得关于宇宙黑暗时代的重要信息，这些信息是现有地基设施无法提供的。其科学价值不可估量。不过，这并不能代替对巨型星座的监管措施或减少光污染的亮度缓解技术。我们仍然需要这些措施，以确保地基天文学能与巨型星座共存，因为这两者在短期内都不会消失。

未来十年，像极大望远镜这样的地基新型望远镜将取得惊人成就。如果 FarView 能够加入这一行列，它或许将开启天文学的黄金时代——地基、太空和月球望远镜将共同合作，帮助我们理解自己在宇宙中的位置。这是一个值得追求的目标，凭借合作和创新，它可能会比我们预期的更快实现。

第 **9** 章

空间碎片

自从 1957 年苏联发射世界上第一颗人造地球卫星以来，人类的空间技术在此期间取得了飞速的发展和巨大的成就。但是与此同时，人类的空间活动也制造了大量的空间碎片，俗称太空垃圾（图 9.1）。太空垃圾指在轨运行或再入大气的已经失去功能的人造物体及其残块和组件，包括在轨爆炸或碰撞的解体碎块、火箭发动机排放物、航天任务过程中产生的废弃物等。

空间碎片的数量对空间安全的危害已经发展到严峻的程度，特别是在近地轨道，若数量达到饱和状态，则意味着碎片与卫星相撞概率增大，甚至有可能由于碰撞而发生连锁反应，使得轨道资源成为废墟。为此，当今世界应同心协力采取有效措施来解决这一问题。

图 9.1 空间碎片示意图 ❶

9.1 空间碎片的来源

目前空间碎片总数超过数千万，1 厘米碎片超过 20 万，大于 10 厘米的碎片超过 1.7 万。其中解体碎片数量最多，占比超过 43%。

在轨道发生碰撞而产生的碎片是空间碎片比例最大的部分。例如：在 2009 年美国"铱星 33 号"与俄罗斯失控卫星"宇宙 2251 号"相撞，产生的碎片达 2100 多个。

入轨后，火箭剩余燃料、卫星高压气瓶剩余气体、未用完的电池等，都可能因偶然因素爆炸，产生难以估量的碎片。

飞船和空间站的航天员产生的生活垃圾（如和平号空间站曾经向太空抛出大小垃圾 200 多包）。航天员在空间行走时遗弃的东西（例如扳手、手套、摄像机灯器等物品也会成为空间碎片）。

空间碎片来源中最使人担心的，就是俄罗斯和美国先后发射的核动力卫星及其

---

❶ 本章中大部分装置及场景无实际图片资料，为想象图。

产生的放射性碎片，统计表明这种碎片大约有 3 吨。这些碎片如果进入大气层或者最终坠入地球表面，其放射性物质对人类健康及生存环境都会是一个巨大危害。

通过图 9.2，大致可以了解到在轨空间物体数量的比例。

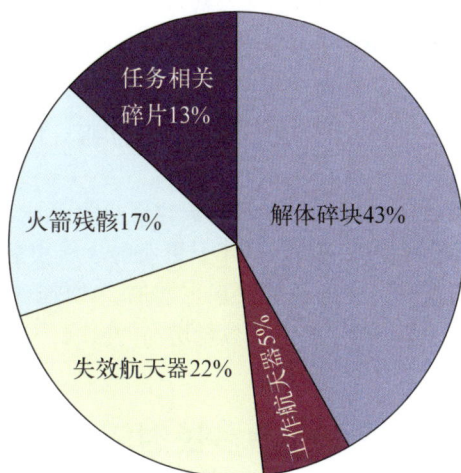

图9.2 在轨空间物体数量百分比

9.2 空间碎片的分布

空间碎片是航天活动的产物，分布在航天器所及的各个区域（图 9.3）。在可由观测设备跟踪编目的空间物体中，工作的航天器数量仅占 5%，其余都是碎片。空间碎片的密集分布区域有三个：2000 千米以下的低地球轨道（LEO）区域、35786 千米的地球同步轨道区域和 20000 千米的中轨道区域。由于太阳同步轨道是通信、测绘、气象、侦察等各类应用卫星集中的一类轨道，卫星之间的碰撞解体也多发生在此类轨道区域，因此 800～1000

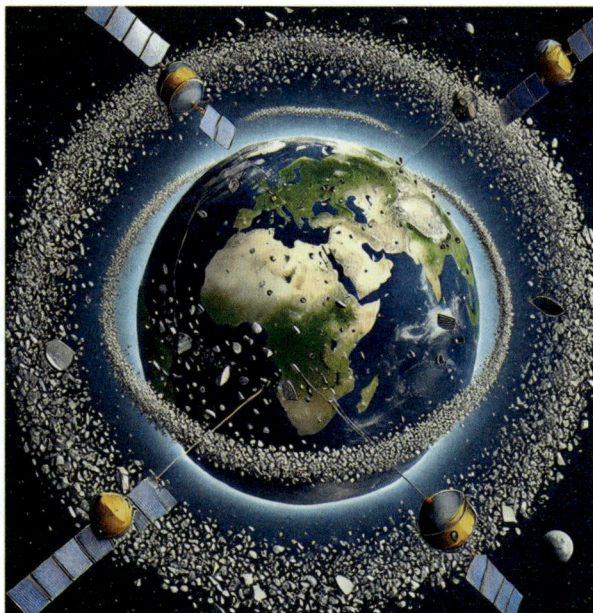

图9.3 空间碎片在不同轨道区域的分布示意

千米是空间碎片最密集的区域。

从空间碎片质量的分布来看，直径大于 10 厘米的空间碎片质量约占全部碎片的 99% 以上，约 3000 吨。人类在五十多年内发射入轨航天器 6000 多吨，而目前留在轨道上的碎片质量接近其一半。其中绝大多数空间碎片处于高度低于 2000 千米的近地轨道，约有 2500 吨，它们绕地球旋转的速度通常为 7～8 千米 / 秒，一旦与在轨任务航天器发生碰撞，则会对航天器产生巨大破坏。在地球同步轨道分布的空间碎片近十几年来一直在增加。虽然有的空间碎片会离开轨道，但是每年进入该轨道的空间碎片比离开的多大约 1 倍。

近几年空间碎片的数量相比之前，其增长速度更为迅速。其主要原因是空间碰撞产生数量巨大的碎片；次要原因是近几年卫星发射数量和空间碎片累计数量增加，导致一般性碰撞或载荷老化产生碎片的概率也增加；此外还要考虑近十几年来，小卫星、微小卫星、纳星、立方体星等发射数量增加的影响。

9.3 空间碎片能在轨道停留多长时间

空间碎片就像漂浮的"太空租客"。在浩瀚的太空中，每一块空间碎片就像是租住在不同楼层的"太空租客"，根据它们"住"得多高，搬离的时间也大不相同。

顶楼的"老住户"（高度＞2000 千米）：这些碎片是最"赖着不走"的一群。它们住在高层"豪华公寓"，要几百年到上千年才能"搬家"，这期间谁也"赶"不走它们。

中层的"长租客"（高度 1000～2000 千米）：这些碎片就像签了百年租约的房客，它们在轨道上定居的时间长达上百年，甚至更久，基本上不会轻易"下楼"。

中低层的"短租族"（高度 800～1000 千米）：这些碎片一般待上几十年就会"搬离"，虽然不算很久，但也够人头疼的。

低层的"短期住客"（高度 600～800 千米）：这些碎片更像是那些只住十几年的短期合租者，虽然离开相对快一些，但它们的数量在逐年增加，给这栋"太空大厦"带来了不少麻烦。

随着时间推移，"太空大厦"里的租客越来越多，空间越来越拥挤，如果不及时采取措施清理"租客"，碎片问题会严重影响人类的太空探索和利用。

空间碎片的在轨寿命与其轨道高度有直接的关系：

➤ 轨道高度 >2000 千米，需要几百到上千年才会降落到大气层烧毁；

➤ 轨道高度 1000～2000 千米，碎片会停留在轨道 100 年或者更长时间；

➤ 轨道高度 800～1000 千米，碎片在轨寿命会有数十年；

➤ 轨道高度 600～800 千米，碎片在轨寿命为十几年。

由于空间碎片数量随时间推移一直在增加，若不及时采取措施，对人类的空间探索和利用会造成难以接受的不利影响。

9.4 空间碎片的分类

要想研究空间碎片的危害，首先我们需要将空间碎片按照尺寸进行一个分类。空间碎片的尺寸大小差别极大，小的只有微米量级，大的可达数十米。按其尺寸大小大致可以分为以下三类。

第一类是大空间碎片

直径大于 10 厘米的空间碎片，目前地基监测网可以测量其轨道的碎片，航天器一旦被它撞击将彻底损坏，只有躲开它的撞击才能保证航天器的安全。

第二类是小空间碎片

直径小于 1 毫米的空间碎片，通过天基直接探测，或者分析回收物的表面获得它的信息，数量巨大，需要通过采取适当的防护措施来提高航天器的抗御能力。

第三类是危险碎片

介于大、小空间碎片之间的碎片，目前尚无有效的探测方法，对航天器的损坏能力比小空间碎片大，防护困难；数量比大空间碎片多，航天器躲避困难，是十分危险的碎片。

9.5 空间碎片对航天器的危害

微小空间碎片（直径为微米量级、质量为微克量级），由于其数量众多，空间密度大，与航天器撞击的频率非常高，能严重改变航天器的性能，称为"沙蚀"。光学镜头表面会被微小空间碎片"磨砂"而无法成像。对热控表面的撞击会改变其辐射、吸收特性，导致航天器热控失衡，造成航天器温度的改变。

稍大的空间碎片会损坏航天器表面材料，对表面器件造成损伤（图9.4），太阳能电池供电线路断路。

图 9.4 航天飞机表面受到空间碎片撞击示意

二次撞击和深入航天器内部的撞击作用，会造成航天器的内损伤。

在太空环境，超高速撞击的空间碎片本身及被撞击的航天器表面材料会发生气化，形成等离子体云，在失重的条件下等离子体云将依附在航天器表面四处游荡，并可能进入航天器的内部，造成供电失常，形成航天器故障。

大的空间碎片与航天器高速撞击，将巨大的动能传递给航天器，使航天器的姿态发生改变，甚至可能使航天器的轨道发生改变。

空间碎片的能量足够大时，将穿透航天器表面，打坏置于航天器内部的控制系统或有效载荷。击穿盛有气体或液体的容器舱壁时，气体或液体将泄漏。

空间碎片撞击可以使航天器表面强度降低，甚至出现裂纹，若舱壁有应力集中的现象，或高压容器的舱壁受损，可能会发生爆炸。

另外，空间碎片再入大气层时，会对地球上人类的生命及财产安全构成严重的威胁，以核能为动力的航天器陨落时，由其造成放射性物质的大面积扩散，会引起对环境的化学污染和放射性污染，后果特别严重，尤其需要关注。

9.6 清理空间碎片的被动方法

9.6.1 电动系绳离轨终端器

空间系绳早在1970年由意大利人发明。美国的 TUI 系绳公司经过十几年研制，最后提出了称为"电动系绳"的离轨终端器，其结构原理如图9.5所示。图中下端有一个小盒，存放导电带，长度根据需求来决定，一般几十米到几千米。卫星工作时导电带储存在小盒里，卫星寿命终止后，小盒自动（或地面站指令）打开，伸出的导电带有电流产生，与地磁力相互作用产生电动阻力，导电带

图 9.5 电动系绳离轨终端示意

与卫星形成重力梯度稳定姿态结构，同时也产生气动阻力，迫使卫星提早离轨，最终进入大气层烧毁。该公司根据卫星质量大小和轨道高低（一般都在近地轨道）可生产多种电动系绳离轨终端器。

9.6.2 气动阻力离轨装置

使用冲气装置形成气球或抛物面形状，提高气动阻力，迫使卫星提早离轨（图9.6）。美国贝尔公司在2004年研制的"冲气加固拖曳结构"（Towed Rigidizable Inflatable Structure，TRIS）。装置有3条支架（由系绳构成）连接一个大面积的抛物面天线，平时收缩在小盒里。当卫星工作寿命终止后，打开伸展支架，冲气成为抛物面。近地轨道质量在500~1000千克的卫星，所需TRIS离轨装置的质量，体积和成本如表9.1所示。离轨装置一般约占卫星总质量的1%~1.5%。对500~600千米圆轨道卫星来说，其离轨时间在0.5~1年之间。

图9.6 气动阻力离轨装置示意（卫星与通过三条支架连接的充气抛物面天线，天线的展开增加了气动阻力，迫使卫星提前离轨）

表9.1 TRIS离轨装置的质量、体积和成本

卫星质量/千克	抛物面直径/米	质量/千克	贮存体积/立方米	成本/万美元
<500	5	5.33	0.0026	7.2
500~1000	10	13.35	0.011	8
1000~1500	15	23.99	0.024	10.5

另一种结构为冲气气球的气动阻力离轨装置如图9.7（a）所示。卫星工作寿命终止后，释放出压缩氦气形成气球。如卫星质量1200千克、轨道高度为830千米，冲气成气球直径为37米，1年时间离轨，进入大气层烧毁。若没有此装置，卫星将在轨道上停留30~40年。气动阻力离轨装置还有一种四方形结构，如图9.7（b）所示。

(a)气球结构

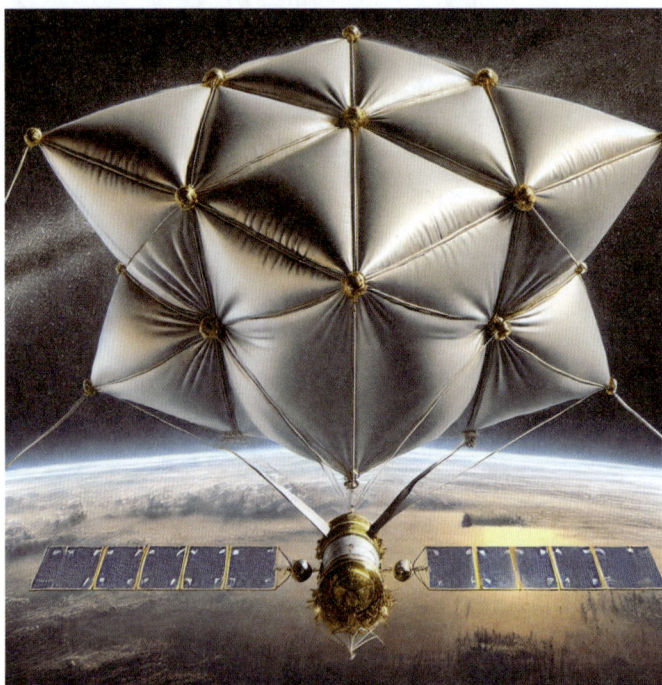

(b)四方形结构

图 9.7 气动阻力离轨装置示意图

9.6.3　太阳辐射压力离轨方法

在地球同步轨道利用大型太阳帆指向太阳（图9.8），产生辐射压力，经过连续不断工作，卫星轨道高度将产生变化，最终迫使卫星离开地球同步轨道。这种操作一般都由地面站执行，产生足够辐射压力需要较长操作时间。由于在地球同步轨道上太阳辐射压力是卫星的最主要摄动力，因此该方法适用于地球同步轨道，特别是当卫星推力器发生故障时，使用这个方法做备份，非常有效。

图9.8　太阳辐射压力离轨方法示意

9.6.4　制动帆离轨方法

在卫星上通过支架伸展薄膜形成各种形状的帆，从而产生制动阻力，迫使卫星提早离轨。可为各种卫星研制大小不同的制动帆，一般帆面积为几平方米到几十平方米（图9.9）。这种装置质量轻、结构简单、成本低，特别适用于近地轨道的微小卫星。

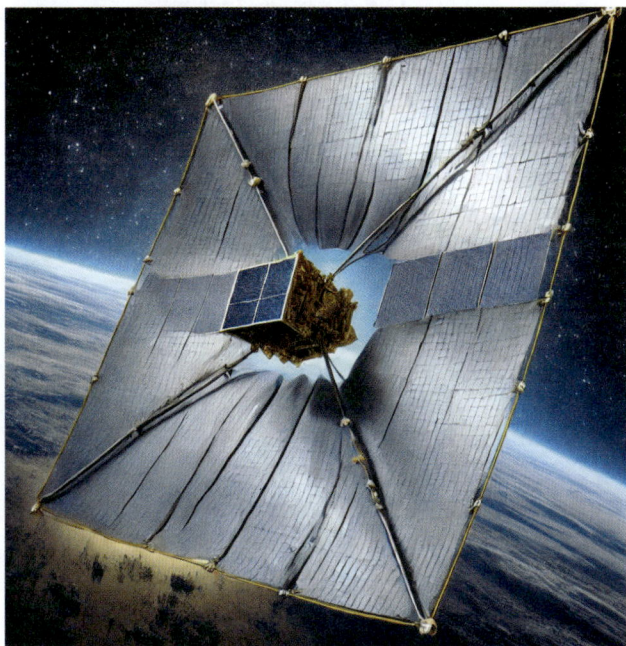

图9.9　轻型制动帆离轨装置示意

9.7 清理空间碎片的主动方法

9.7.1 推力离轨方法

采用各种推力器，迫使卫星离轨，这种方法特点是作用效果明显、离轨时间短、燃耗较大、成本高。几年前，欧空局研究对比了不同种类卫星采用的推力离轨方法，表 9.2 列出比较结果，表中使用阿拉伯数字 1~6 分别表示其效果从最佳到最差的 6 个等级（此指表 9.2 中具体轨道比较结果，若改变轨道，比较结果可作参考，可能会有一些小变化）。

表 9.2 各种推力器对不同卫星离轨比较结果

卫星类型	质量/千克	轨道/千米	冷气	固体推进	单组元	双组元	电弧推进	离子推进
小纳星	<5	大椭圆轨道	3	1	2	4	不适用	不适用
纳星	5~20	≤700/1000	3	1	2	4	不适用	不适用
微卫星	20~100	≤830/850	4	1	2	3	不适用	不适用
微小卫星	100~500	≤600	6	1	2	3	4	5
中卫星	500~1500	≤800（倾角98°）	6	1	1	3	4	5
大卫星	1500~2500	≤600	6	1	2	2	4	5

由表 9.2 可知，固体推进器适用于各种卫星，其次广泛适用的是单组元推进器，电推力器对微卫星和纳卫星均不适用，冷气推力器对一般卫星不太适合，可考虑用于纳卫星和微卫星。

采用推力离轨方法不仅需要耗费较多燃料，而且控制精度的要求较高，若只有推力但无精确控制的能力，则离轨时间会比较长。

9.7.2 空间机器人方法

采用具有轨道机动能力的空间机器人，对选定的空间碎片进行抓捕，并集中起来处理。采用和发展这种方法往往与军事用途有关。该技术有两个难点，一是如何把抓捕到的碎片集中起来；二是如何清理这些碎片，又不影响到空间环境。还有一种方法是在具有机动能力的微小卫星上安装机械臂，作用效果和空间机器人类似。图 9.10 为这两种空间机器人抓捕碎片的示意。

(a)具有轨道机动能力的空间机器人

(b)安装机械臂的微小卫星

图 9.10　空间机器人抓捕碎片示意

9.7.3 膨胀泡沫方法

利用卫星向空间碎片喷射泡沫（图 9.11），从而增加碎片的面积质量比，提高其气动阻力，最终导致碎片提早离轨，坠入大气层烧毁。这种方法比较适用于近地轨道的各种碎片。碎片经过泡沫包装后，质量密度一般为 0.5～1 千克 / 米³。

碎片离轨时间和泡沫直径大小有关，可根据所选定空间碎片的大小和质量，确定应该喷射泡沫的直径。

喷射泡沫装置可安装在近地轨道的卫星或飞船

图 9.11　利用卫星向空间碎片喷射泡沫示意

上，"喷射泡沫机构"由泡沫储存箱、可控机械手和喷管等组成；地面的空间碎片观测系统选定具体碎片目标，设定喷射条件，针对性强，不会产生其他负作用。

9.8 混合清理空间碎片的方法

9.8.1 制动帆和电动系绳混合方法

立方体卫星由欧洲航天局出资组织，英国萨瑞卫星技术公司承担研制。2011 年上半年已经完成初步研制工作。立方体卫星帆的存储和展开结构如图 9.12 所示。

柔性制动帆储存在双立方体单元上端部件中，下端部件为控制电子设备。当需要时展开成正方形帆，一般面积为 4～25 平方米，然后展开的帆和一定长度系绳连接在一起，成为一套完整的混合清理碎片装置，最后通过空间对接，把混合装置固连在碎片卫星上。

这种混合清理碎片装置同时具有帆制动和电动系绳两种作用的离轨功能，离轨时间更短。此方法特别适用于不具备离轨功能的卫星。目前的技术难点，是如何把混合装置可靠地与碎片卫星对接与固连，虽然空间交会对接技术目前发展比较成熟，但是对非合作目标（例如空间碎片）的对接，仍然存在一定的技术难度。

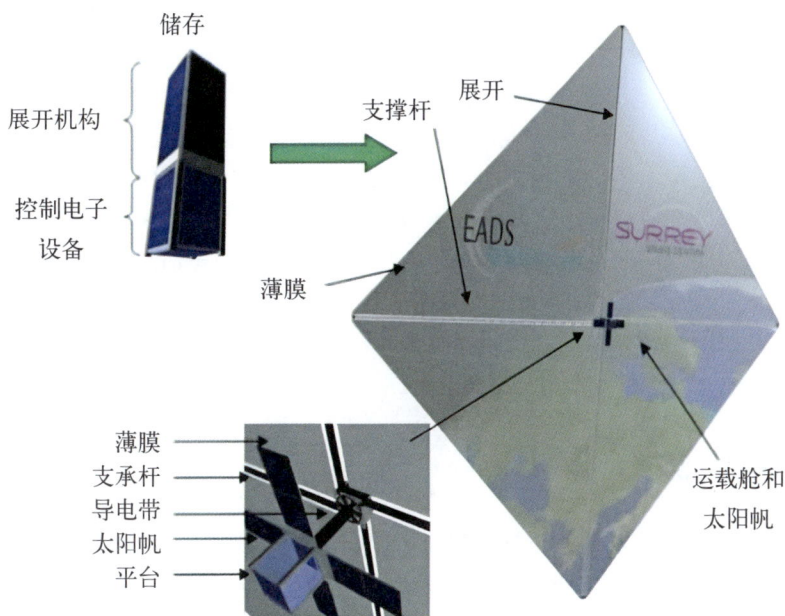

图 9.12 立方体卫星帆储存和展开结构图

9.8.2 可展开／储存金属网捕获碎片方法

用金属丝制成巨型捕获网,直径可达几百米到几千米,当卫星飞行任务完成后,根据地面站指令打开卫星上的金属网,开始捕获碎片(图 9.13)。该方法较适合捕获近地轨道上直径小于 10 厘米的碎片。完成碎片捕获任务后,卫星向金属网通电,从而与地磁场相互作用,产生制动力,使卫星离轨。该方法在地面站控制下,一般不会捕获不该捕获的物体。

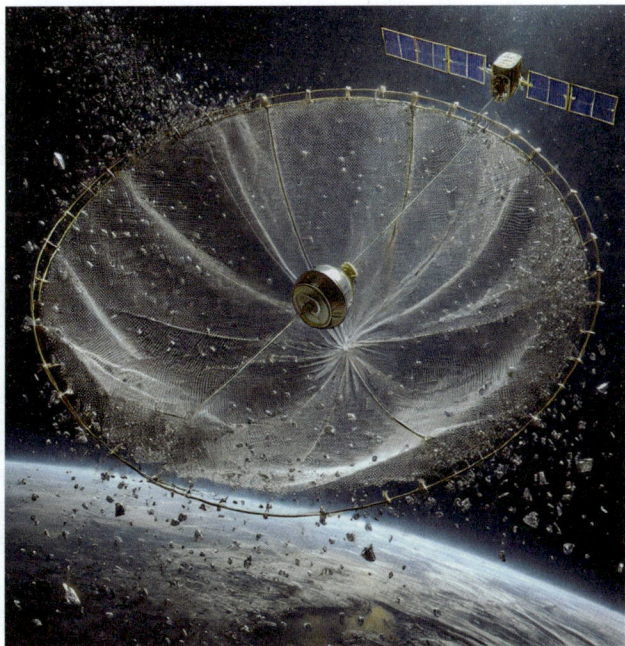

图 9.13 由地面站发指令打开卫星上的金属网,开始捕获碎片示意图

9.9 各国空间碎片清理方案

认识到空间碎片问题，国际航天发达国家不仅热衷于为太空建章立制，借以提高外空活动的门槛，同时各国都积极从管理上和技术上多层次实施空间碎片减缓。突出表现在四个方面：制定空间碎片政策和监管制度，约束航天工业界活动；提高空间态势感知能力，应对空间碎片威胁；加强空间碎片碰撞信息通报，避免太空事故发生；加强国际合作，提高空间碎片的应对能力。

同时，各国也都积极地对空间碎片进行清理工作，下面将介绍其中的一些方案和试验。

9.9.1 瑞士：清洁太空一号

瑞士，这个人口只有800多万的小国，在清扫空间碎片的行动中却名列前茅。瑞士空间中心在发射航天器时，遵守的原则是："谁污染，谁清理"，他们认为"如果每个人都能把自家门口打扫干净，太空也就会很干净了"。2009年，瑞士空间中心的第一颗卫星"瑞士立方体"放入太空，任务是观察一种"大气辉光"。如今，任务已经完成，该卫星就需要被清理掉了。2012年，瑞士空间中心曾启动了一项"清洁太空一号"的项目，这颗预计造价1100万美元的打扫卫星，计划用于回收两枚分别于2009年及2010年发射的瑞士卫星（图9.14）。

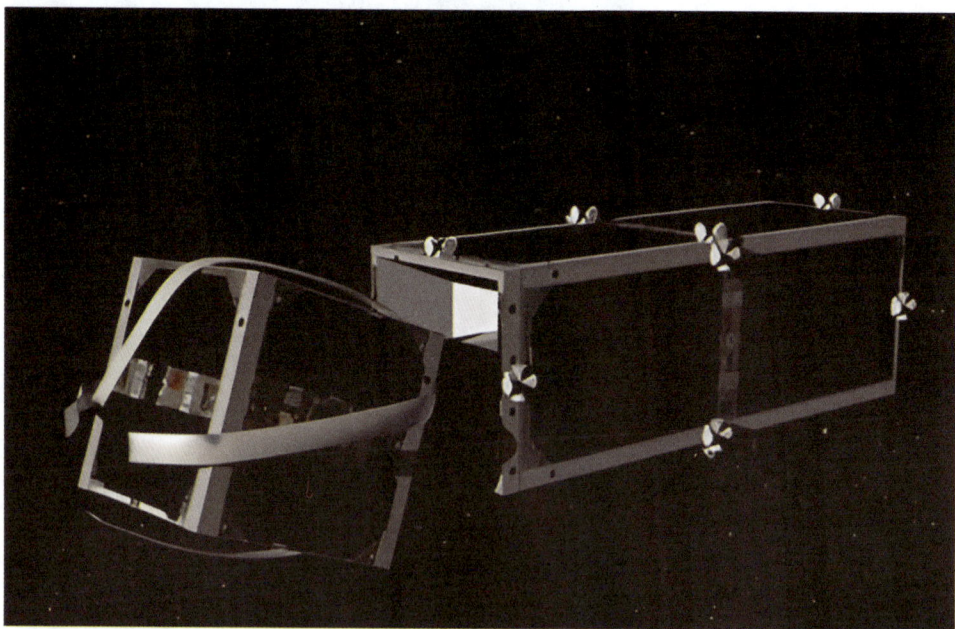

图 9.14 "清洁太空一号"捕捉废弃卫星示意

研制"清洁太空一号"卫星要解决三个关键的技术问题：① 研制小型发动机，将清理卫星准确地送到垃圾运行的轨道上；② 研制抓紧及稳定高速转动空间碎片的装置；③ 找出把废物引导至地球大气层焚烧的方法。

现在的卫星都是使用笨重而昂贵的发动机进行机动，发射成本很高。微型卫星的成本远低于大体积卫星，又具有大型卫星所不具备的功能，是现在各国卫星研发的重点。但是，目前缺少用于这种卫星的高效推进系统。瑞士科学家正在研制一种微型卫星推进器，在设计上，这种微型发动机并非用于将卫星送入轨道，而是帮助卫星在太空中机动。这种迷你发动机只有几百克重，使用离子化合物作为燃料，利用电喷射离子产生推进力，使卫星在以 10 千米每秒的速度绕轨道飞行时改变方向。根据计算，一颗采用这种发动机的 1 千克纳星进入月球轨道需要大约 6 个月，仅消耗 100 毫克燃料。按照计划，这种发动机将安装在"清洁太空一号"卫星上，它可以随时改变卫星的轨道和前进方向，使它追上自己的"猎物"。

"清洁太空一号"的第二个技术难点是要在卫星追上自己的"猎物"后，需要一种可以将"猎物"紧紧抓住的装置。科学家们从章鱼捕食过程中受到启发。于是，科学家们在"清洁太空一号"的"肚子"里，安装了有 4 个爪子的装置，当遇到空间碎片时，它们伸出爪子，将"猎物"紧紧地抱住，送到自己的"肚子"里（图9.15）。

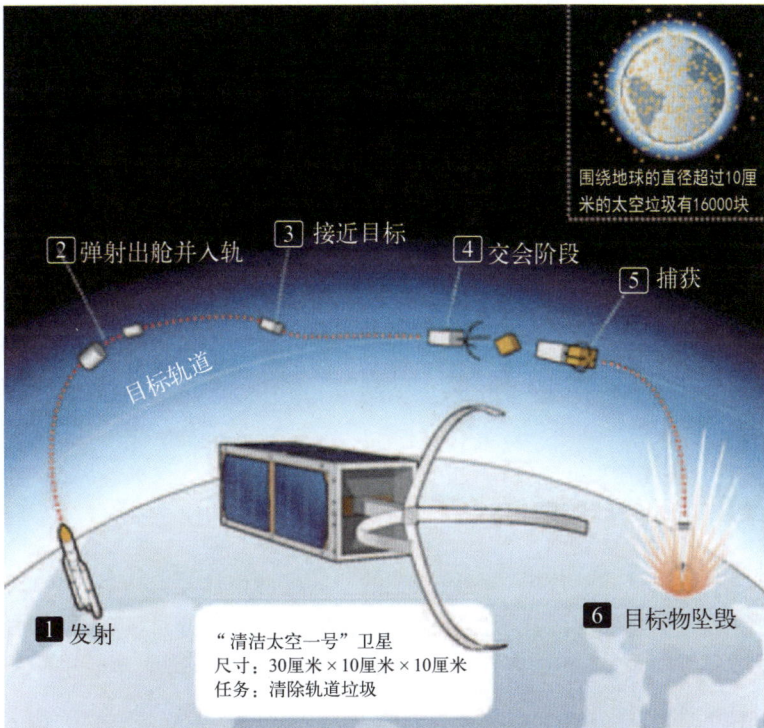

围绕地球的直径超过10厘米的太空垃圾有16000块

② 弹射出舱并入轨　③ 接近目标　④ 交会阶段　⑤ 捕获

目标轨道

① 发射

"清洁太空一号"卫星
尺寸：30厘米×10厘米×10厘米
任务：清除轨道垃圾

⑥ 目标物坠毁

图9.15 "清洁太空一号"捕捉空间碎片示意

至于第三个技术难关，销毁空间碎片的方法，计划有两个方案。其一是用打扫装置收集空间碎片，然后整个装置连同吸入的残骸在地球大气层中自行烧毁。第二个方案是把装置保留在地球轨道，把吸入的碎片排放到地球大气层中。

9.9.2　日本：太空渔网

日本是航天大国之一，良好的太空环境对其十分重要，所以，它也是清除空间碎片的积极分子。日本宇宙探索局和一家名为"日东制网"的公司共同合作，计划织一张直径达数千米的巨大的"太空渔网"，用于"打捞"漂浮在地球轨道中的空间碎片。研究人员的设想是首先由火箭将装有"太空渔网"的卫星发射到一定轨道上。进入太空后，当卫星达到指定位置后，卫星的机器臂把这种长数千米的金属网展开，然后松开"太空渔网"的收集长绳。"太空渔网"沿地球轨道运行，一路上清扫所遇到的空间碎片。由于空间碎片外面的金属网状器材在绕地球运行的过程中会被逐渐充电，在地球磁场的影响下，被网住的空间碎片就会缓缓降低轨道，最终金属网和它收集的空间碎片都将在坠入地球高层大气时被焚毁。这种系统由于在网住空间碎片后可以利用磁力让其自然掉入大气层，具有操作简便、费用相对低廉等优点。研究人员也希望用这种方法能够将空间碎片"一网打尽"。

这种"空间碎片清除系统"的材料主要是铝线和不锈钢纤维，研究人员将这两种材料相互缠绕成直径约 1 毫米的银色细丝，其不但导电性能良好，而且十分轻巧柔软。整个系统是由 3 根这样的细丝编织而成的网状结构，这样在具体操作过程中即使有一根断掉，也不影响整个系统的结构强度。

"太空渔网"的设想很好，但是是否能够达到预期的效果，令人怀疑。首先，太空十分广阔，空间碎片的分布还是相对稀疏的，尽管网伸展开直径可达数千米，但转一圈能兜住多少垃圾还是个未知数，只有不断地变轨来打扫多条轨道，才能罩住更多碎片，这个实施起来并不容易。此外，在网住空间碎片时，有可能使得空间碎片与网之间的超高速碰撞，撞击出更多碎片，这也是必须面对和解决的问题。总的来说，因为太空碎片是高速运动着的，很难精确测定其轨道，所以用这种方法清理空间碎片难度依然很高。

9.9.3　美国：五花八门的手段

在近地轨道的空间碎片中，美国制造的空间碎片位居第二。美国宇航局对清除空间碎片的研究十分重视，甚至向社会招标征求清理空间碎片的方法。他们曾考虑过多种选项，提出的方案可谓五花八门，下面是几种认为有可能实现的方法。

（1）电动系绳

电动系绳是一条藏在卫星内部长达 5000 米的细导线，在卫星正常运行期间，这根导线被绕成一个线圈放置在卫星内部（图 9.16）。当卫星完成使命时，地面指挥中心下达"卫星报废"指令，电动系绳便会自动打开。在电离层和地球磁场的共同作用下，这条绵延达 5000 米的导线上可产生持续的电流，形成电离层。这样，电离层与地球磁场相互作用，形成面向地球的拉力，牵动卫星慢慢下落。经过几个星期或几个月，这种拉力会使卫星处于更低的轨道平面，直到它在大气中自行燃烧。

这种方法不仅简便、非常廉价，而且可以大大加快卫星从轨道上脱离的速度。例如，它可以将原来大约需要 100 年时间才会坠入大气层的卫星垃圾，在 18 天内就走完生命历程。故此计划得到了美国航宇局和五角大楼的多笔资金支持，已成功进行了数次失重条件下的试验。

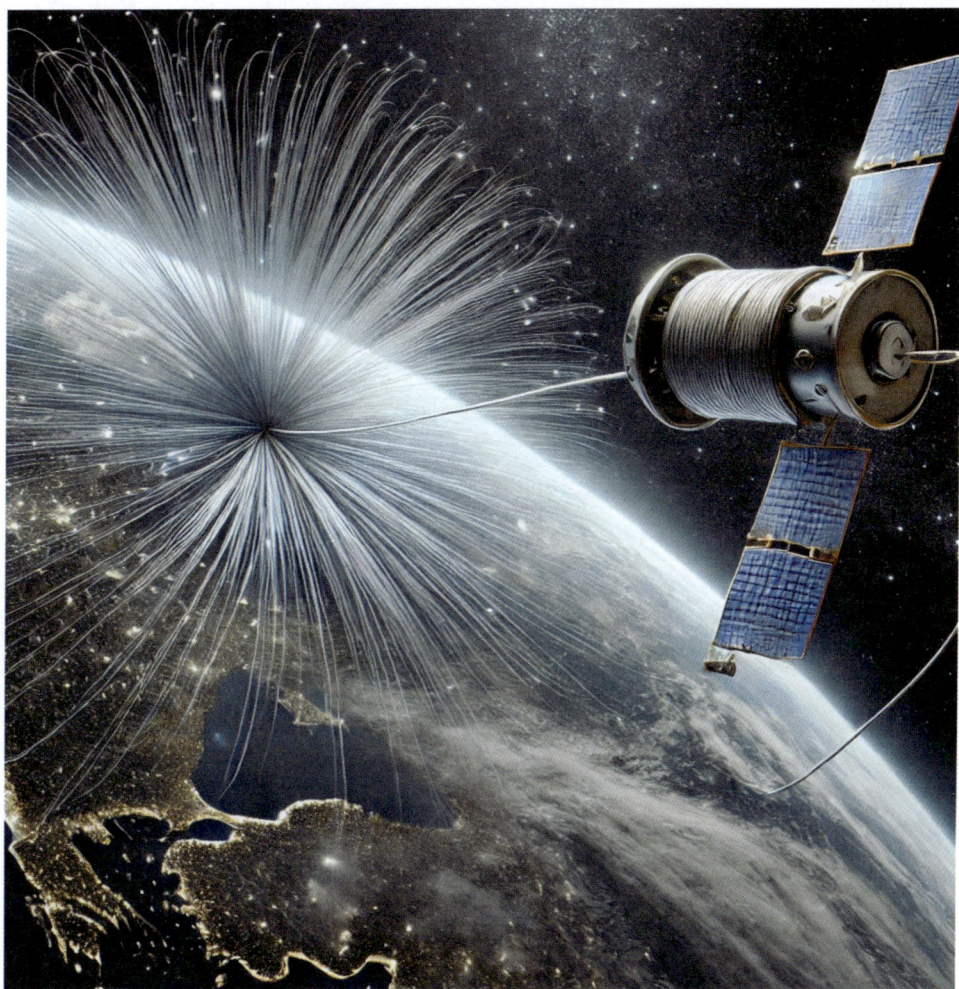

图 9.16 电动系绳法示意

（2）激光扫帚

美国航宇局设想从地面发出一束中等能级的激光束，击中空间碎片并借助激光光子施加的微弱推力让空间碎片逐渐减速坠落。其原理是：激光照射所产生的热量将蒸发掉这些空间碎片表面的小部分外壳物质，这些被蒸发的物质将在这些空间碎片后部产生微弱的等离子喷流，从而减缓这些太空碎片的运行速度，最终导致它们脱轨，坠入地球大气层焚毁。

这种"激光扫帚"只能"扫除太空中的小垃圾，对那些危险性大的较大垃圾则无能为力。其研究者设想如果采用更加高能的激光器，比如150千瓦级，将能对任何尺寸的空间碎片有效。使用地面激光器如果能解决问题，那就省去了向太空发射清理卫星的必要，可以节省大量经费。因为要发射卫星，将耗费数亿美元，而采用激光扫帚，每一片小型垃圾的销毁费用约为数百美元，大型的垃圾销毁费用大约为100万美元。这个办法曾计划在2003年进行试验，后因哥伦比亚号航天飞机失事而推迟。

但是，使用这种技术时，需要非常谨慎，如果不小心，照射到卫星的错误部位，会让报废卫星受热过度，引发爆炸。科研人员认为解决这个问题比较简单，只需一台专门设计的10米口径望远镜，便能担负起追踪这些空间碎片、精确确定照射位置和照射方案。目前，建造这样一台大型望远镜的技术已成熟。对于这一方案的最大批评意见是来自国际社会，因为他们会担心这样威力强悍的激光武器有可能用于战争中去摧毁敌方的卫星。

（3）气流脉冲扫帚

用气流脉冲将空间碎片"冲"下来，是美国清除空间碎片许多新奇方案之一。其原理是：采用一些方法将空气喷射到地球轨道上，然后引发空气爆炸，空间碎片在进入这个爆炸区时，飞行阻力增加，飞行轨道降低，迫使它们早日进入自己的"墓穴"。

这项方案实施起来比较容易，一个火箭发射平台或者一架高空飞机就能够胜任这项工作，气流脉冲可以改变大块碎片，也可以改变小块碎片的飞行轨道。它的另一个优点是：大气脉冲本身将回到大气当中，不会在轨道中留下痕迹来影响近地轨道卫星，也不会因为故障形成新的垃圾。

（4）空间碎片收集箱

发射一颗由12只空间"垃圾箱"组成的航天器，它将在地球同步轨道上运行。当遇到太空中的废弃卫星或碎片飞过时，通过电脑控制，航天器的机械臂会伸出来，轻而易举地抓住目标，并放进"垃圾箱"，然后将其分割切碎，使其坠入地球大气层里燃烧自毁。目前，此方法还处于开发阶段，其各种功能还处于实验室测试阶段。面临的最大的挑战就是在进行操作或垃圾切割的过程中，要精确地控制住垃圾碎片。

9.9.4　中国为清理太空碎片所做的努力

（1）变废为宝

火箭末级在完成将卫星送入目标轨道的任务后，会变为一块巨大的太空垃圾，在太空中漂浮（图9.17）。为了防止其发生爆炸，通常需要排空剩余燃料并使电池短路。最理想的情况是，末级能够离开轨道并进入大气层烧毁。然而，由于大多数火箭末级缺乏离轨能力，它们往往会在轨道上漂浮数年之久。在这期间，一旦不幸与其他碎片发生碰撞，就可能引发雪崩效应，产生大量小碎片，从而威胁到正常卫星的运行。既然火箭末级在完成任务后也会进入轨道，成为太空垃圾，那么我们能否尝试将其变废为宝呢？我国科研人员提出了一种创新的末级留轨试验方案，即在末级上搭载科学仪器，以进行各种科学实验。这种方案不仅有效利用了废弃的末级火箭，还推动了科学研究的进步。

图9.17　火箭末端——任务结束后则是太空垃圾

此外，神舟飞船在任务结束后，轨道舱和返回舱分离后，轨道舱被作为一颗大卫星，相当于一颗对地观察卫星，它将继续留在轨道上工作半年左右。轨道舱留轨利用是中国飞船的一大特色，而俄罗斯和美国飞船的轨道舱和返回舱分离后，一般是废弃不用的。

（2）发射专门清理空间碎片的飞行器

中国于2016年发射的长征七号火箭上搭载了"遨龙一号"空间碎片主动清理飞行器。并计划发射一系列专门用于清理人造空间碎片的飞行器，其中"遨龙一号"

是先行者。"遨龙一号"配备了一台强大的机械臂，能够捕捉并处理大型废弃卫星碎片（图9.18）。其任务是将废弃的中国卫星捕获并带回地球大气层，确保它们能够安全地坠入海洋。2016年发射初期，"遨龙一号"曾成功抓取模拟废弃卫星的金属立方体，并将其引导至大气层烧毁，验证了"捕获 - 拖离 - 销毁"技术链的可行性。2022年1月，该卫星成功捕获失效的北斗二号G2卫星，并将其从地球同步轨道拖离至1.5万千米外的"墓地轨道"。

图9.18 "遨龙一号"成功抓取模拟废弃卫星的金属立方体

图说
航天科学与技术

第 **10** 章
2035 年的世界
航天

近年来，国际航天领域又掀起新一轮探索热潮，专家预测到 2035 年，世界航天将呈现五个令人兴奋的进步。而用 ChatGPT 和 DeepSeek 进行预测的结果则更加令人兴奋。

10.1 国际专家对 2035 年世界航天发展的情景预测

（1）SpaceX 或将执行首个载人登陆火星的任务

SpaceX 的航天员将使用 SpaceX 公司研制的星舰，在地球和火星的最佳排列时间离开地球，飞向火星。这次火星之旅大约需要 7 个月的时间，航天员登陆火星之后，可能在火星上停留 6 个月或更长时间。

此外，这些航天员将携带机器人进行火星探索，从火星上的冰和水合矿物中获取水。这些机器人还会自主采矿，生产甲烷燃料，作为航天员返回地球的燃料（图10.1）。

图 10.1 星际飞船可能会登陆火星

（2）多个国家将把航天员送上月球

很多国家将把自己的航天员送上月球，这些国家可能包括中国、美国、俄罗斯、日本、韩国、印度和阿拉伯联合酋长国……欧洲航天局也将送航天员上月球。

与此同时，私营航天公司也会定期地将航天员送上月球，比如 SpaceX、日本的 iSpace Incorporated 和以色列的 SpaceIL。

各国将集中地在月球南极附近进行探测（图10.2），那里将会成为地球人的居住区。载人登月探测任务将获得大量以前无法获得的关于月球的数据，可以更好地探索月球土壤特征。

此外，还会发现月球哪里有最大的水冰沉积物，当然，这些成果要依靠月球轨道飞行器获得。

总而言之，2035年后，载人登月之旅很可能会变得很频繁。

（3）商业太空飞行可能成为太空探索的主力军

到2035年，每年将有成千上万的人到太空旅行（图10.3）。利用气球，乘客可以在太空边缘漂浮数小时，同时以360度的视角俯瞰地球。这些气球上甚至还有茅台酒吧，以便你在这个人生时刻放松一下。

乘坐维珍银河的宇宙飞船，乘客可以进行至少90分钟的飞行，让他们看到地球曲率的惊人景色。

使用蓝色起源公司的轨道火箭，乘客可以上升到离地球表面95千米以上的地方，短暂地体验太空边缘的失重状态。

到2035年，许多百万富翁和亿万富翁甚至可以绕月球飞行。但是，作为这些太空资源竞争的负面产物，太空武器研制也可能成为一个利润丰厚的领域（图10.3）。

（4）太空旅馆一年能赚数十亿美元

低轨道空间站可能成

图10.2 月球上繁忙的探测活动

图10.3 2035年，游客可以乘坐豪华气球、维珍银河飞船、蓝色起源轨道火箭，以及绕月飞行

为以前从未有过的新形式的商业旅游项目。

太空旅馆可以由宽敞的模块和面向地球的大窗户组成，每一位乘客都能享受到游戏、美食和医疗服务。这些太空旅馆的旅行一次可以持续数天甚至数周（图10.4）。

图 10.4　未来太空旅馆

电影制片厂也可能开始在太空拍摄电影，电影场景对观众来说更加新奇。

在这些空间站上，将进行生物学、地球科学、新产品开发和空间探测设备测试等前沿研究（图 10.5）。

图 10.5　未来低轨空间站

（5）人类可能在谷神星上发现水的证据

谷神星是一颗位于火星和木星轨道之间的小行星带的矮行星。在它冰冷的外表下，科学家认为谷神星可能是液体和岩石的混合体。一些科学家甚至认为谷神星可能比地球拥有更多的水。

"黎明号"宇宙飞船绘制了谷神星的地图（图 10.6），并发现了地壳的一个低密度区域，该区域地下可能有一个盐水库。

未来，科学家和航天员们将在谷神星表面进行水资源和其他地质研究（图 10.7）。

图 10.6 谷神星

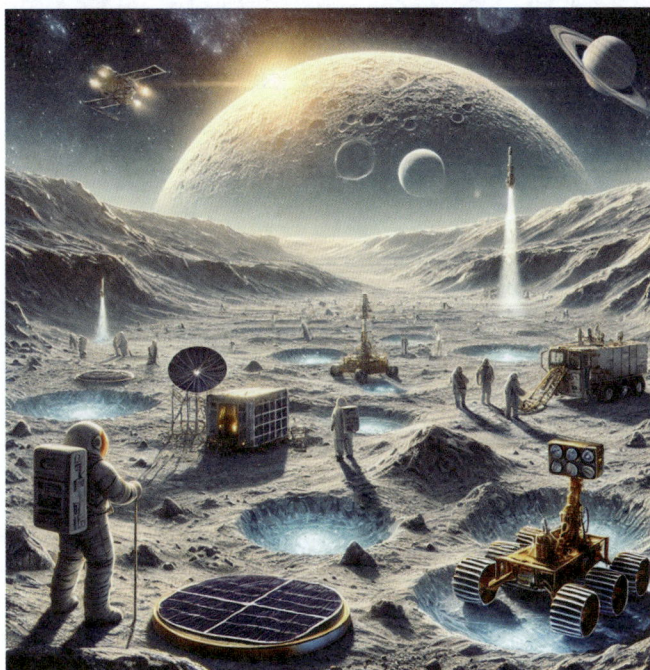

图 10.7 未来的谷神星

2035 年世界航天发展：低轨道空间站、太空旅游、月球和火星探测任务、资源开采以及全球通信卫星网络等未来项目的实现，展现出一个繁荣发展的空间开发环境，而这一切都得益于科技创新与国际合作的共同推动（图 10.8）。

图 10.8　2035 年世界航天畅想

10.2　人工智能对 2035 年世界航天发展的情景预测

人工智能（AI）已经广泛应用于许多领域，特别是在预测和预报方面，展现出巨大的潜力。通过处理海量数据，AI 能够识别其中潜在的规律和趋势，从而为人们提供更加精准、实时的预测。这里，我们不妨让 AI 来预测一下 2035 年世界航天发展的情景，待未来验证和对比，岂不乐乎？以下是 ChatGPT 和 DeepSeek 对"2035 年世界航天发展情景"的预测结果。

（1）ChatGPT 对 2035 年世界航天发展的情景预测

到 2035 年，世界航天技术将进入一个全新的发展阶段，许多目前正在进行的技术和项目将得到实现，新的突破也可能会带来前所未有的进展。以下是几个可能的关键发展领域。

① 深空探索的突破　2035 年，深空探索将取得显著进展，特别是在载人航天方

面。预计人类将实现载人登陆火星，并进行月球以外的长期探测任务。

火星移民的开始：随着技术的进步，火星载人任务将不再是遥不可及的梦想。NASA、SpaceX、CNSA 等机构可能会联合执行第一次载人火星登陆任务。这个任务不仅是一个探索标志，更是未来移民火星的第一步。到 2035 年，或许会有一个永久性的火星基地，供科学家、工程师及其他相关人员进行长期驻扎。

深空探测任务：除了火星，人类可能会启动前往其他星体的任务，如木卫二（欧罗巴）、土卫六（泰坦）等。这些星体上的水资源和可能的生命迹象将是探索的重点。

② 太空资源的商业化开采　到 2035 年，太空资源开采有望成为商业航天的关键组成部分。尤其是小行星采矿、月球矿产资源开采将获得突破性进展。

小行星采矿：预计有多个商业公司成功实施小行星采矿技术，从中提取稀有矿物、贵金属等资源，这些资源可以用于地球高科技产业、太空设施建设等，甚至可能为未来的太空旅行提供燃料。

月球基地建设与资源利用：月球将成为人类太空探测的重要跳板。到 2035 年，月球基地可能已经建设完成，并开始利用月球资源进行自给自足的生产，支持月球科研活动和更远距离的太空探索。

③ 太空旅游和商业化的进一步发展　随着航天技术的进步和成本的降低，太空旅游可能成为常态，覆盖从亚轨道飞行到低地球轨道的旅行。

太空酒店：到 2035 年，商业太空旅行可能不再是富人的专享，全球各地的太空旅游公司会提供定制化的服务，甚至可能建成太空酒店，提供住宿、娱乐和科研项目。游客可以在太空酒店中享受微重力环境、观赏地球和宇宙的壮丽景色。

点对点航天运输：亚轨道和低轨道运输可能成为日常化的旅行方式。例如，从纽约飞往东京的航程将不再是传统的航空飞行，而是通过太空航道，几小时内即可完成。

④ 全球卫星网络与地球监测　2035 年，低地球轨道将布满卫星，这将大大改善全球的通信、导航和监测能力。

全球高速互联网：星链等低轨卫星网络将为全球特别是偏远地区提供高速互联网。到 2035 年，互联网接入可能覆盖全球，消除数字鸿沟。

地球监测与环境保护：卫星不仅用于通信，还将大规模应用于气候变化监测、环境保护、灾害预警等领域。精准的数据分析可以帮助人类更好地应对气候变化、管理自然资源和提高应急响应能力。

⑤ 航天技术的民用与军事化　2035 年，航天技术将深刻影响军事和民用领域，尤其是在国防、通信、遥感等方面的应用。

空间军事化：尽管有国际条约限制，国家间的空间军事竞争可能愈加激烈，发展太空防御系统、太空武器等领域可能会成为军事大国的重心。同时，太空技术对地面战争的影响（如通过卫星引导打击、指挥系统等）将更加深入。

民用航天技术的普及：航天技术的商业化应用可能会渗透到日常生活中。例如，借助太空通信，全球范围内的实时信息传递将更加高效。航天技术的普及也可能推动新的工业革命，改造地面运输、能源、建筑等领域。

⑥ 智能化航天与自动化技术　到 2035 年，人工智能、自动化、机器人技术将在航天领域得到广泛应用，提升航天任务的效率和安全性。

AI 辅助航天：智能化的航天器将具备更强的自我诊断、故障修复和自动决策能力，能够独立完成复杂的深空任务。例如，AI 系统将能够实时监控航天器的运行状态并进行自动调整，大幅降低人为干预。

机器人助力探索：随着机器人技术的进步，深空探测器和月球基地等可能都将依赖高度智能化的机器人来执行探测、建设、维修等任务。

CahtGPT 对 2035 年世界航天发展的预测结果总结：

> 航天将不仅仅是科研的前沿，而是与人类日常生活、经济和全球治理紧密相关的产业。商业航天的崛起、深空探索的进展以及技术的高度智能化将推动全球进入一个全新的"太空时代"，为人类的未来开辟更多可能性。

（2）DeepSeek 对 2035 年世界航天发展的情景预测

① 重返月球与火星启程

月球常态化驻留：中美主导的月球基地初步建成（如 NASA 的"阿尔忒弥斯计划"、中国的"国际月球科研站"），实现航天员轮换驻留（3～6 个月），开展资源开采（如氦 -3、水冰）和原位制造技术验证。

载人火星任务准备就绪：SpaceX 的"星舰"完成无人火星货运测试，NASA 与商业公司合作启动载人火星轨道任务（类似"阿波罗 8 号"），但着陆可能延迟至 2040 年。

商业太空旅游普及：亚轨道飞行（Blue Origin、维珍银河）价格降至 20 万美元 / 人次，近地轨道酒店（Axiom Space 等）接待富豪和科研人员。

② 深空探测：太阳系边疆拓展

火星样本返回：NASA-ESA 联合任务将首批火星岩石样本送回地球，揭示生命痕迹关键证据。

外行星探测突破：核动力探测器（如 NASA "蜻蜓号"）抵达土卫六（泰坦），甲烷湖探测启动；木星冰卫星（欧罗巴、盖尼米德）地下海洋钻探任务进入实施阶段。

小行星采矿试点：日本、美国私营企业（如 Planetary Resources）完成近地小行星金属 / 水资源开采技术验证，推动太空经济立法。

③ 近地轨道：商业化与军事化并存

巨型星座与太空互联网：Starlink、OneWeb 等部署超 3 万颗卫星，全球高速网络覆盖引发轨道拥堵争议，国际太空交通管理规则出台。

商业空间站崛起：取代国际空间站（ISS 退役），由 Axiom、Sierra Space 等运营的模块化空间站支持微重力制造（如制药、半导体）。

　　太空军事化升级：中美俄测试反卫星武器（动能与非动能），轨道服务站具备卫星维修 / 破坏双重能力，太空网络安全成焦点。

　　④ 技术革命：低成本与可持续性

　　完全可重复使用火箭：SpaceX"星舰"、中国"长征九号"等实现 24 小时快速复飞，发射成本降至 500 美元 / 千克以下。

　　核推进与新型动力：核热推进（NTP）探测器首飞，激光帆、等离子体推进等突破 1AU 内高速运输。

　　太空太阳能发电：中日美试验轨道太阳能电站，微波 / 激光传能效率达 10% 以上，为偏远地区供电。

　　⑤ 潜在挑战与风险

　　轨道碎片危机：Kessler 综合征（Kessler Syndrome：由 NASA 科学家唐纳德·凯斯勒（Donald J.Kessler）于 1978 年提出，指近地轨道上的太空碎片数量达到临界点后，引发链式碰撞反应，导致：轨道环境恶化、全球卫星网络瘫痪。）风险加剧，主动清理技术（激光、捕获机器人）尚未规模化。

　　太空资源争端：月球 / 小行星采矿权法律模糊，可能引发国家间摩擦。

　　技术伦理争议：基因改造应对长期太空辐射、AI 自主管理深空任务等议题引发辩论。

DeepSeek 对 2035 年世界航天发展的预测结果总结：

　　人类航天活动将呈现"月球工业化、火星筹备化、近地轨道商业化"的三线并行格局：

　　月球：成为资源开采与深空中转站。

　　火星：无人任务铺路，载人登陆进入倒计时，商业公司挑战国家队。

　　近地轨道：私营主导的"太空经济圈"形成。

图说
航天科学与技术

附录一
太空探索
那些事儿

1-1 太空中的声音——"太空合声"类似鸟儿唱歌

近日，北京航空航天大学的研究团队在距离地球约 16 万千米的非偶极磁场中性片区域，首次探测到了"太空合声"，这一发现打破了 70 年来的传统理论认知。

这句话中有几个科学名词，分别是"非偶极磁场""中性片""合声"。我们先来解释这三个的名词。

（1）什么是"非偶极磁场"

这里首先介绍偶极磁场。地球的磁场、棒磁铁的磁场，就是偶极磁场。偶极磁场的特征是有南、北极，并且磁力线从南极到北极呈对称分布。

"非偶极磁场"则指那些不规则或失去对称性的磁场结构。在非偶极磁场区域，磁场线不再按照简单的偶极对称模式分布，而是可能出现扭曲、偏斜，或复杂的拓扑结构。

需要指出的是，非偶极磁场的不对称特征，可能是由其他天体的引力、太阳风、地壳磁场等外部因素影响而形成的。

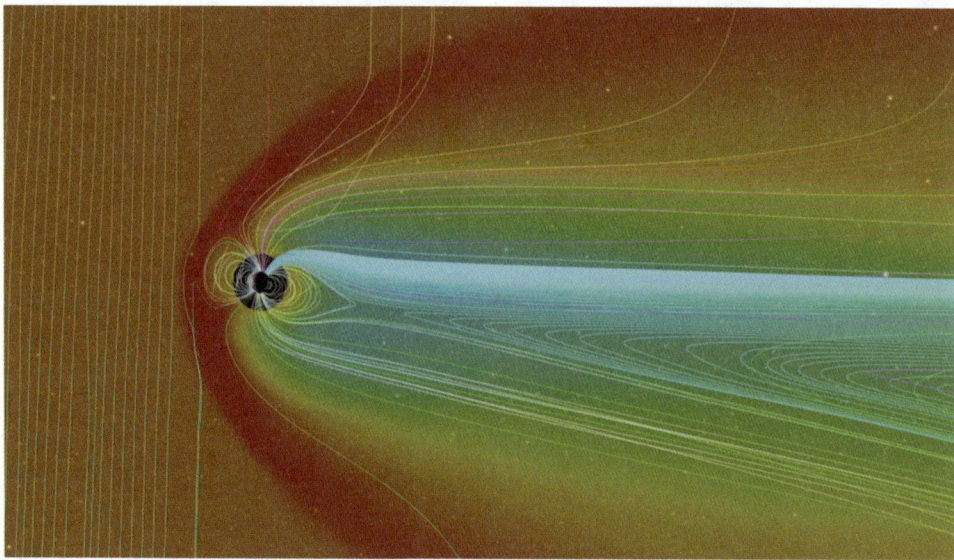

（2）什么是"中性片"

"中性片"是指磁场强度接近零的区域。在磁层中，中性片通常出现在磁尾区域。这里也是正向和反向磁力线交会的地方，磁场方向会发生反转。

需要指出，在中性片中，由于磁场方向的快速变化和强度趋于零，这里会聚集大量的等离子体，并可能发生磁重联（磁场线断裂并重新连接的现象）。

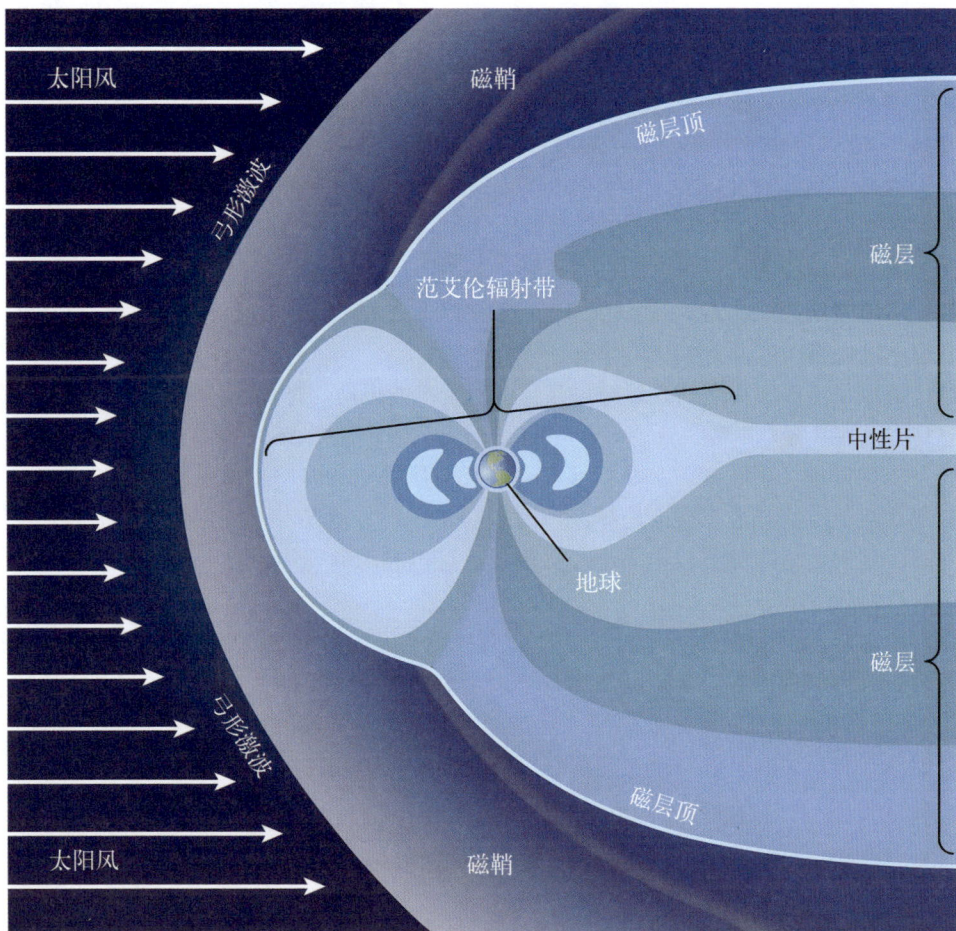

（3）什么是"合声"

"合声"在科学上被称为"合声波"，也叫"和声波"。那么，什么是"和声波"呢？从文字上看，和声波的"和"字，可以理解为多个声波或波动的叠加和。简单来说，就是不同频率或强度的波相互叠加形成一种综合效果，就称为"和声波"。比如，乐队演奏的组合声音，就是一种"和声波"现象。由此可见，"合（和）声波"，本质上也就是"声波"，只是合声波的频率范围从一百赫兹到几千赫兹，其频谱特征与地球上鸟儿齐鸣的声音非常相似。

（4）为什么称"发现16万千米处的声波"是突破了人类的认知呢？

众所周知，声波的产生依赖于物体的振动。当物体振动时，会使周围的空气或其他介质（如水或固体）中的分子产生周期性的压缩和稀疏，从而形成声波并传播开来。

首先，当某个物体（例如琴弦、喇叭膜、声带等）振动时，它会推动接触到的空气分子振动。这种振动可以由外力触发，例如乐器的拨弦、鼓槌敲击鼓面等。

接下来，振动物体会推动附近的空气分子，使其密集或稀疏，形成一种压力差。这种压力差在介质中以波的形式向外传播。这种波动包括压缩区（高压）和稀疏区（低压）的交替排列。

然后，当空气分子在一个方向上来回振动时，它们将这种振动能量传递给相邻的分子，导致声波在空气或其他介质中传播。

另外，声波的传播速度取决于介质（空气、水、金属等）的密度和弹性。例如：空气中声速约为 343 米 / 秒（在 20 摄氏度时）、水中声速约为 1500 米 / 秒、金属中声速更快（如钢中约 5000 米 / 秒）。

最后，当声波传播到人耳时，鼓膜会随着声波振动，将机械波转化为神经信号，最终由大脑解释为声音。

由此可见，声波本质上是机械波，需要介质（如气体、液体或固体）传播，不能在真空中传播。声波通常是纵波，即振动方向与传播方向平行。例如，当我们拍手时，手掌之间的空气被压缩，产生声波，这些波动向四周传播，最终被耳朵接收到，产生听觉感知。

所以，按照传统认知，太空是一个真空环境，因缺乏足够的空气或其他介质，声波无法产生或传播，这一观点通常适用于距离地球较远的区域。然而，在距离地球 16 万千米的太空中，北航科研团队成功探测到了合声波的存在。这一发现不仅揭示了合声波产生的新机制——非线性波粒相互作用，还为空间科学研究开辟了更为广阔的视角。

（5）16 万千米处的"太空合声"是怎样产生的呢

"太空合声"这一概念容易被误解。传统意义上的声波（依赖空气等介质传播的震动波）在太空这种真空环境中是无法产生和传播的。然而，北航团队发现的"合声波"并非传统意义上的声波，而是一种特殊的波动现象。

从目前的科学角度来看，太空中的"合声波"通常是指等离子体波动或电磁波与等离子体相互作用形成的波动，也称为等离子声波或等离子体振荡。虽然它被称作"合声波"，但它并不依赖空气或普通介质传播，而是依靠太空中的带电粒子、等离子体等媒介进行振荡和传播。

在距离地球 16 万千米的太空中，虽然环境接近真空，但依然存在丰富的等离子体。等离子体是由自由电子和带电离子组成的，足以充当波动传播的媒介。此外，太阳风、磁场扰动等太空现象会引发等离子体的振荡，这种振荡通过波动传导，并表现出类似声波的特征，因此也被称为"合声波"。

北航科研团队利用高灵敏度的空间探测仪器，如等离子体探测器、磁场探测器和电磁波监测设备，在这一特定的太空区域中捕捉到了等离子体振荡形成的"合声波"信号。经过多次监测和数据分析，这些信号被确认是某种特殊形式的波动现象，揭示了太空中声波传播的新机制。

值得一提，自20世纪60年代以来，天文学家曾经探测到了与鸟鸣声相似的太空辐射爆发，它们出现在距离地球约100000千米的地方。与地球磁场对齐，并被认为在脉动极光的形成中发挥着关键作用。到目前为止，科学家们一直认为这些"合声波"形成于地球磁场沿线的空间点，类似于一块大的条形磁铁，距离地球表面约51000千米。

（6）这一发现的重要性

这一发现表明，在以往被认为"声波无法传播"的太空真空环境中，实际存在特殊形式的波动机制。"合声波"的存在打破了传统认知，揭示了太空中的等离子体和电磁波相互作用的新机制，极大地拓宽了我们对宇宙中复杂物理现象的理解，为研究更多未知的太空物理过程提供了可能性。

合声波的特殊传播机制可能为未来的太空通信提供新的技术思路。在深空探测中，传统电磁波通信往往面临信号延迟、干扰等问题，而"合声波"有望成为一种新型的信息传递媒介，能够在极端环境下实现更高效、稳定的通信，进一步优化深空探测任务中的通信系统。

通过探测"合声波"，科学家可以更加精准地研究太阳风、磁场扰动和等离子体变化等太空现象。这一能力有助于深入了解空间环境中的动态变化，为人类更好地监测和预测太空天气提供了强有力的工具，为未来的航天任务创造更安全的环境。

"合声波"的探测还可以为卫星和空间站提供保护。太空天气现象，如太阳风和磁暴，可能对卫星运行和空间站的稳定性产生严重影响。通过对"合声波"信号的监测，科学家可以及时预警和预测这些现象，帮助相关设备提前做好应对，减少损害。

未来，在更远的太空探索中，"合声波"的应用将为研究宇宙中的物质分布、星际磁场和其他物理环境提供新的探测手段。这将为揭示宇宙结构、探索星际空间中的未知现象以及寻找新的物理规律奠定基础，推动人类对宇宙的认知进一步深化。

总之，北航科研团队探测到的"太空合声"，是等离子体波动与电磁波耦合的产物。这一发现不仅推动了空间科学、通信技术和太空天气预警等领域的发展，也为未来人类探索宇宙开辟了新的路径，具有重要的科学和应用价值。

1-2 太空味道来自哪里？——来自宇宙深处的化学记忆

人类对于宇宙的探索不仅限于视觉和听觉体验，太空的味道也成为一个引人入胜的话题。长期以来，航天员在完成太空行走返回舱内后，常常会出乎意料地闻到气味，这种气味就像烧焦的牛排或用过的火药一样。那么，为什么太空会有类似烧焦的气味？这种气味是如何产生的？它究竟来自何处？

（1）航天员真的能嗅到太空气味吗

从科学角度看，没有航天员能在太空中直接闻到气味并存活下来，因为太空是近乎完美的真空环境，缺乏可供呼吸的空气。至于嗅出气味，众所周知，嗅觉感知需要气味分子通过气体扩散进入鼻腔并刺激嗅觉受体，而在真空环境中，没有空气或其他气体分子，气味分子无法传播，也就无法闻到气味。可以说，真空环境中既无空气载体，也不存在气味分子的传播途径。因此，在真空中，即使某种物质能够释放气味分子，航天员也无法感知到。

另外，从人体生理的构造角度看，一旦航天员直接暴露在太空中，短时间内就会因缺氧而失去意识，并迅速遭受极端环境的致命打击。例如：人体血液在低压环境下开始沸腾，导致细胞破裂；太空温度剧烈变化，可使人体迅速冻结或炙烤；宇宙辐射的直接照射会对细胞造成不可逆的损伤。

正因如此，航天员所感知到的"太空味道"并非真正意义上的太空气息，而是在舱外活动结束后带回的次生气味。这些气味附着在宇航服、头盔、手套和工具上，并在航天员返回舱内时散发出来。

由此可见，航天员所闻到的太空气味，并非真实存在的太空气息，而属于间接的感知。

（2）航天员如何描述"太空气味"

结束太空行走返回空间站后，航天员在摘下头盔时，经常会闻到一种独特的气味。而当空间站的气闸门打开时，这种气味也会飘入舱内。关于太空气味，航天员们的描述各不相同：

大部分航天员认为太空气味类似于热金属、烧焦的肉、烧焦的蛋糕或用过的火药。

美国的一位航天员在自己的推特（或博客）中写道："我能想到的最佳描述是金属味，一种带有令人愉悦的甜味的金属气息。"他回忆起大学暑假时的经历，当时他用电弧焊枪修理伐木设备，焊接烟雾的气味与太空气息相似。

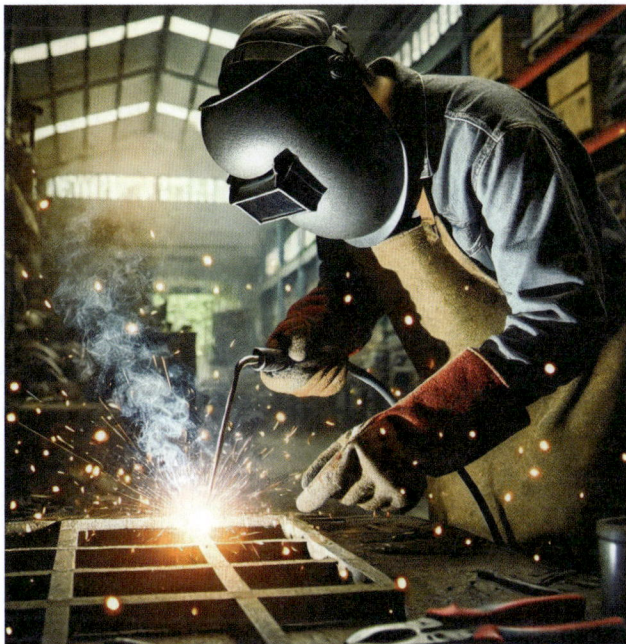

欧洲航天局的一位航天员则形容太空气味像核桃和摩托车刹车片的混合气味；还有的航天员认为太空气味更接近于臭氧的味道，给人一种独特而深刻的印象。

NASA曾与香料制造商合作，希望模拟太空气味，以便让未来的航天员在训练中习惯这种独特的体验。科学家们复原了"月球的气味"，他们将其比作燃烧后的火药味。

（3）太空气味的神秘来源

关于"太空气味"的成因，目前存在两种理论。

① 太空气味来自空间站外部的氧原子的化学反应　当空间站运行在地球高层大气边缘时，太阳的紫外线能够将残余的氧分子（O_2）分裂成高能的氧原子。这些氧

原子极具活性，容易附着在宇航服、气闸室壁以及其他暴露在太空中的物体上，并与空间站外部材料发生化学反应，这就可能导致臭氧的形成，而臭氧闻起来就有一种独特的刺激性气味。因此，当航天员返回舱内并脱下头盔时，他们可能闻到的正是这些化学反应产生的气味。

② 太空气味来自恒星死亡的"太空尘埃" 太空气味可能来源于恒星的爆炸。当恒星在生命终结时发生超新星爆发，会释放出一种名为"多环芳香烃（PAHs）"的分子。这类分子不仅是宇宙中广泛存在的有机化合物，其独特的化学特性与气味表现，正逐渐成为解释太空气味的关键证据。

名词解释：

多环芳香烃（PAHs）是一类由多个苯环组成的有机化合物，主要在高温不完全燃烧过程中形成，如化石燃料燃烧、森林火灾、工业排放和机动车尾气。日常生活中的烧烤、烟熏食品和香烟燃烧也会释放 PAHs。由于其稳定性高且难以降解，PAHs 易在空气、水体和土壤中积累，对环境造成污染。除了地球，PAHs 也广泛存在于宇宙空间。科学家通过光谱分析发现，它们可能是恒星燃烧或超新星爆炸的产物。由于 PAHs 结构稳定，能够在极端环境下存续数百万年，有研究认为它们可能在生命起源过程中发挥了作用，如促进氨基酸和核苷酸的形成。因此，PAHs既是重要的环境污染物，也可能为探索宇宙化学演化和生命起源提供重要线索。未来，随着人类深空探测的深入，人类或许能更深入了解太空气味的真正成因，并揭开宇宙的更多神秘面纱。

此外，从科学角度来看，太空味道可能是源于宇宙尘埃、燃烧后的恒星残骸以及极端环境下形成的复杂有机分子：

在星际深空里，太空气味可能闻起来像焊接烟雾、烧焦的汉堡或柴油发动机的尾气；

在银河的黑暗云团里，太空气味可能带有冰冷的水冰气息、刺鼻的氨味，甚至是甲醛的刺激性气味。

所以，关于太空气味，不仅是一种奇特的嗅觉体验，更是一段来自宇宙深处的化学记忆——它记录了恒星的死亡、尘埃的积聚，以及生命的起源。未来，随着人类深空探测的深入，人类或许能更深入了解太空气味的真正成因，并揭开宇宙的更多神秘面纱。

（4）航天器内部也有气味

相比之下，空间站内部的气味则较为"正常"，但不同舱室的气味也各有不同：

气闸舱：由于直接接触太空，可能会有一些化学反应残留的气味；

生活舱：空气环境受到空气净化系统的影响，气味较清新；

实验舱：由于存在各种实验设备和化学试剂，可能会有特定的化学气味；

食品舱：当航天员准备食物时，例如撕开一袋炖肉或其他食物，会闻到食物的味道。

（5）"太空味道"会影响航天员健康吗

目前，科学研究表明，"太空气味"不会对航天员的健康造成直接威胁。然而，在长期密闭的空间站环境中，监测与"太空气味"相关的参数仍然至关重要。其中，主要包括以下方面：

首先，适应性方面，航天员在太空中停留时间越长，对这种气味的适应能力越强，不会产生明显的不适。其次，嗅觉变化是另一个重要因素。在微重力环境下，体液（包括血液）会重新分布至上半身，导致鼻腔充血，从而影响嗅觉感知，使航天员的味觉和嗅觉变得迟钝。

尽管"太空气味"是航天员在太空中的独特体验，但目前没有证据表明它会对航天员的身体健康造成长期影响。此外，为了维持良好的空气质量，空间站通常配备先进的空气循环和过滤系统，并进行定期清洁，以确保舱内空气的清新与安全。

1-3 黑洞

黑洞是宇宙中最神秘的物体（天体）之一，它的引力极其强大，使得视界内的逃逸速度大于光速。虽然黑洞不能直接观测，但是科学家们却可以通过间接的方式推断黑洞的存在。根据目前的科学观测结果，在宇宙中存在数百万个黑洞，它们的质量大小不一。迄今为止发现的体积和质量最大的黑洞是"Phoenix-A"黑洞。目前，人类对此已有一定的认知。

艺术家根据科学家的发现，绘制了凤凰星系中心。星系中心超大质量黑洞的强大无线电喷流正在星系周围的电离气体中产生巨大的无线电气泡（蓝色）。科学家借助探测器已经探测到冷分

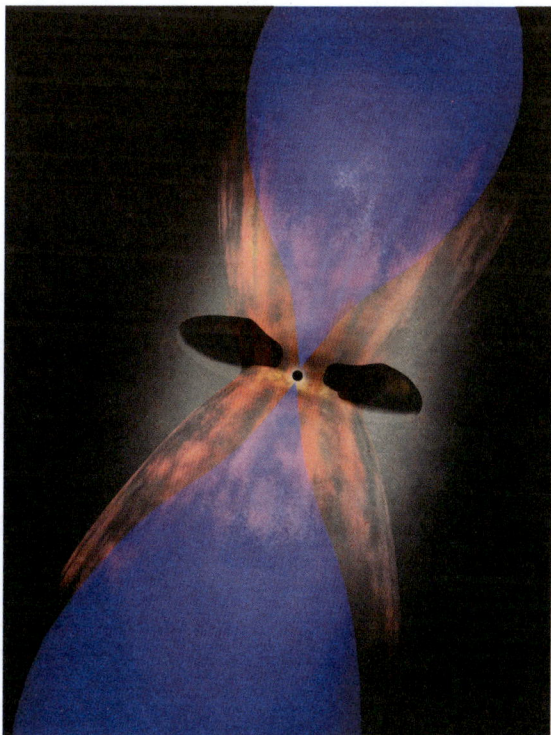

子气体（红色）包围着气泡的外部。这种物质最终可能落入星系，为未来恒星的诞生提供燃料，并为超大质量黑洞提供"食物"。

（1）最大的黑洞——Phoenix-A

"Phoenix-A"黑洞究竟有多大？由于黑洞的质量相当大，所以不能用标准千克作为测量单位，而是使用太阳质量作为测量单位。例如，"Phoenix-A"的质量是太阳的 1000 亿倍，而"Ton-618"黑洞的质量才是太阳的 6600 万倍。

"Phoenix-A"比位于银河系中心的"人马座 A"黑洞大 24100 倍。据估计，即使你能够以光速旅行，跨越"Phoenix-A"黑洞也需要 500 万年。

"Phoenix-A"黑洞位于凤凰星团中，距离地球约 58～85.7 亿光年。因为"Phoenix-A"的质量超级大，所以科学家们推测，它的引力可以在 300 万光年外感受到。这一发现，增加了人类了解这些神秘物体（天体）的可能性，例如它们是如何在星系中形成的。

"Phoenix-A"黑洞是一个原始黑洞，这意味着这个黑洞形成于宇宙大爆炸后的早期阶段。原始黑洞是指在宇宙进化的早期阶段形成的一种黑洞。原始黑洞是由原始物质组成的，这些物体被认为是由原始物质的密度波动产生的，原始物质在自身引力作用下坍塌并形成奇点。原始物质在宇宙学中发挥着重要作用，因为它们具有吸收暗物质粒子的潜在能力，为人们认识宇宙的结构和演化提供了有用的线索。

此外，"Phoenix-A"黑洞具有独特性，因为它位于星系核中，其放射出来的 X 射线与其他类型的中等质量黑洞不同，它们的形成和演化是随着时间推移而改变的，这些特征为人类认识黑洞提供了新的思路。

"Phoenix-A"黑洞是 2020 年，由英国剑桥大学的托马斯·韦弗斯博士领导的天文学家团队发现的。这一发现是利用美国 NASA 钱德拉 X 射线天文台和世界各地其他望远镜收集的数据得出的。

（2）黑洞的特点

黑洞是大质量恒星死亡时形成的。当恒星的核燃料耗尽后，它的核心就会坍缩到密度最大的物质状态，其密度可能是原子核的 100 倍。在这样大的密度下，质子、中子和电子也不再是离散状态的粒子。

由于黑洞是黑暗的，所以通常它们在绕正常恒星运行时才能被发现。根据正常恒星的特性，天文学家可以推断出黑洞的特性。第一个被发现的黑洞是天鹅座 X-1，它是

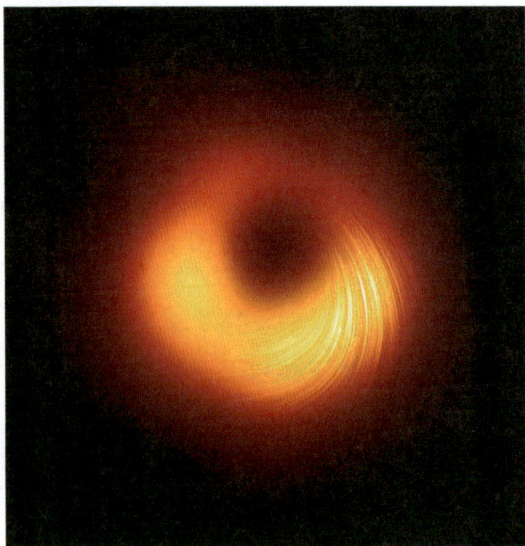

天鹅座星座中最亮的 X 射线源。从那时起至今，人类已经发现了约 50 个黑洞，科学家们估计在银河系中大约有 1000 万个星系中有黑洞。

黑洞也被称为物质的坟墓，任何东西都逃不过它们，连光也逃不掉。黑洞强大引力会把掉入黑洞的人拉开，把骨头、肌肉、肌腱，甚至分子分开。

1-4 太空中的按需制药技术

药物作为诊断、治疗、治愈或预防疾病的工具，在地球上就存在稳定性不足的问题，导致其无法长期保持有效。而进入太空环境后，这一问题变得更为突出。

实际上，在太空中实现按需制药绝非易事，尤其是小分子蛋白质（肽类）药物。这类药物即便在冷藏条件下保存，保质期也极短，往往仅有数月。鉴于未来的星际旅行任务可能会持续数年之久，因此迫切需要找到一种"按需生产"的药物解决方案。因为在新药市场中，蛋白质药物大约占据了 1/3 的比例，并且涵盖了一些至关重要的航天药物，例如"非格司亭"（帮助航天员在遭受辐射损伤后恢复骨髓功能的药物）和"特立帕肽"（用于预防骨质脱钙的肽类药物）。

如今，人类已经迈入了航天时代，如何为生活在太空的航天员们提供有效的药物，已成为一个亟待解决的重大需求。为此，美国宇航局资助了一家公司以开展太空制药项目研究。该项目的最终目标是开发一种制药平台，这种平台具备灵活性、个性化以及按需生成药物的能力。

该平台的工作原理是利用一种能够耐受太空环境的产芽孢细菌（草芽孢杆菌）来合成药物，即对枯草芽孢杆菌进行了基因工程改造。此外，平台还配备了一种利用组氨酸标签进行亲和纯化的新型纯化系统。

从目前的进展来看，该公司已经证明了"太空制药学"这一概念在技术上的可行性，但同时也暴露出了一些问题，其中最为核心的问题是：能否利用这个平台生产出数量足够且纯度达标的药物，使其真正能够对生病的航天员发挥作用。

为了解决这些问题，该项目未来计划通过多种路径进行探索。首先，他们将进一步分析该平台的应用情况，通过对航天员用药清单上的其他药物进行研究，以确定哪些药物可以利用他们的平台进行生产。

其次，他们将采用行业标准，利用生物测定法进行产品验证的测试，以证明该平台生产的药物具有预期的生物活性。

最后，他们将在火星任务背景下，结合太阳粒子事件开展测试工作。此外，他们还计划先结合探月活动，选择两名航天员，开展"太空制药学"的测试。

总的来说，如果项目能够成功，"太空制药学"将支持长期深空任务中的医疗行动。

1-5 太空中的异响

2024年9月，位于国际空间站的宇航员威尔莫尔报告称，波音星际线飞船的扬声器出现了奇怪的声音，这种声音是一种脉冲式的噪音，且声音会反复出现。

随后，美国宇航局强调该脉冲式的声音是扬声器发出的反馈，不会对机组人员、飞船或国际空间站的运行造成影响。对此，许多媒体调侃，有可能是外星人在发信号。现在，我们从技术层面来一探究竟，造成异响的可能原因是什么？

（1）神奇的敲击声

宇航员威尔莫尔向美国宇航局地面人员求助，声称他听到了星际线飞船发出的重复敲击声。为了让地面控制人员更清楚地了解这种奇怪的声音，威尔莫尔将话筒放置在"星际线"的扬声器上，随后地面的扩音器传出了清晰的"怦怦怦"的声音。

其实，关于太空中的敲击声，此前也有发现过。阿波罗飞船上的宇航员就曾听到过类似的奇怪敲击声，并将其命名为"外星人的敲门声"。

在1969年美国的一次环绕月球试飞行动中，宇航员也听到了奇怪的声音。当时相关科研人员认为，这种声音应该来自某种无线电信号干扰。

20世纪80年代，苏联进行航天器实验时也遇到了这一问题，最终发现是压力导致舱内机械变形出现的声音。

2003年，航天员杨利伟乘坐"神舟五号"飞天时，也曾遇到敲击声。杨利伟表示，"根据我所了解的情况，一般在飞行时都会或多或少有声音，可能是因为飞船在地面时会受到压力，但在太空的真空无压力环境中，结构可能会有变化，产生一些声音。另外，很多物品在上天前都是有大气压封住的，随着太空飞行，可能泄压会发出一些声音。"

十几年前，我国"月宫一号"进行了长达3个月的实验。在这期间，舱内研究人员也听到了奇怪的敲击声，查了很久后发现，是舱体内壁材料因舱内压力变化发生微小变形而产生的声音。

尽管外星生命和宇宙中其他智慧生物的存在一直是科学研究的热门话题，但目前为止，还没有确凿的证据表明这些异响是外星生命在传递信息。

此外，即便人类在未来发现外星生命，科学界普遍认为太空通信更有可能通过无线电波等常规方法进行，而非通过飞船或空间站内的异响。

科学家们会通过严谨的分析来排除各种自然和技术因素，并尽可能给出合理的解释。如果这些异响确实涉及未知因素，科学家们会深入研究，提供详细的解释和解决方案。

至此，我们基本可以断定，这些异响更有可能来源于航天器技术方面的故障或是被环境干扰的结果，而不是外星人在试图与人类建立联系。

（2）溯源惊魂异响

航天器内部的电子设备极为复杂，特别是在长期运行的环境下，某些关键元件可能会不可避免地发出声音。加之航天器的结构在运行中也会经历微小的物理变化，比如机械设备的振动、材料的热胀冷缩等。这些变化可能会产生不可被人类察觉到的微小声音，但在狭小、封闭的舱内空间中，声音很有可能被放大传播。

从软件角度看，航天器上的大部分电子设备依赖于复杂的程序和数据系统来维持运行。软件系统的错误或者数据传输问题可能会导致一些设备发出异常声音。例如，如果音频系统接收到错误的数据，可能会产生类似于噪声的音频。

另外，由于航天器运行在特殊的太空环境中，封闭环境以及各种高精度设备的共存，可能会引起电磁干扰现象。这种干扰可能来源于其他航天器的设备信号，甚至是空间站内部设备之间的互相干扰，从而导致扬声器发出异常噪音。电磁干扰在太空任务中一直是一个不可忽视的问题，尤其是在多个电子设备同时运行的情况下。

（3）营造安心氛围

在航天器的设计阶段，工程师们可以通过强化航天器设备的电磁屏蔽性能，减少内部和外部电磁对设备的干扰。此外，抗干扰设计也可以使航天器在面对复杂电磁环境时保持更稳定地运行。

在航天器的关键系统中，使用冗余设计也是保障其安全的重要措施。当一个系统出现问题时，冗余系统可以无缝接管，确保航天器能够继续正常工作。这种设计不仅适用于硬件系统，也可以应用于软件系统，通过双重保障减少航天器异常现象的发生。

此外，在航天器使用过程中，需要航天员和地面人员对设备进行定期检测和维护，例如对航天器电路、电源和传感器的详细检测，通过提前排查潜在问题，做到有备无患，避免影响航天器的正常运行。

最后，定期的系统升级和优化更是解决航天器软件问题的有效手段。在持续的更新和修复下，人们可以确保航天器软件系统始终保持在最佳状态，减少因软件错误引发的异常状况。此外，定期的数据备份和恢复也是航天器软件维护的重要组成部分。

此次波音"星际线"扬声器的异响事件，尽管引发了广泛的讨论和猜测，但更可能的原因是电子设备或环境因素导致的。美国宇航局的声明也表明，这一异响目前并未对国际空间站的安全构成威胁。随着科学技术的不断进步，人们将有能力更好地监测、诊断并预防类似现象的发生。

1-6　首次商业太空行走为何在 700 千米轨道处进行

"北极星黎明号"于 2024 年 9 月 10 日成功发射，标志着商业航天领域的一次重大飞跃。此次任务中，航天员乘坐载人龙飞船抵达远地点约 1400 千米的轨道，但并未在这里进行人类首次商业太空行走，这是为何？

我们先来看看该任务为何挑战 1400 千米轨道高度？

首先是考验飞船和火箭的性能。猎鹰 9 号火箭先将载人龙飞船发射到约 1200 千米的椭圆轨道，然后升至约 1400 千米的远地点。这一高度远超以往国际空间站所在的轨道高度，对载人龙飞船和猎鹰 9 号火箭来说，是一次性能极限挑战，其目的是充分验证载人龙飞船和猎鹰 9 号火箭在极端条件下的稳定性和可靠性。

其次是进行科学研究。1400 千米的轨道高度位于范艾伦辐射带内，这是一个环绕地球的带电粒子区域。了解这一区域对地球和太空环境的影响，对于未来的深空探索至关重要。另外，在这里进行载人飞行，可以收集关于范艾伦射线带的环境对人体健康影响的数据，为未来在这里进行载人出舱活动的安全性和可靠性奠定基础。

最后是历史意义和纪录创造。"北极星黎明号"任务是人类自阿波罗计划结束以来，飞得最远的一次载人航天任务。

不过，"北极星黎明号"乘组并未在这一轨道高度出舱，而是下降到约 700 千米的轨道，开展太空行走，这主要出于以下几方面考虑：

其一是技术的不确定性。载人龙飞船目前还未针对高轨道太空行走进行专门设计，并且在高轨道进行太空行走，对航天服的性能要求更高，目前的航天服无法满足要求。

其二是安全性与可靠性。"北极星黎明号"任务乘组在 700 千米轨道进行太空行走，显然是利用了现有的国际空间站技术，能够确保太空行走的安全性和可靠性。

其三是"星链"的测试。"北极星黎明号"承载的一项重要任务，就是测试载人龙飞船与"星链卫星"之间的通信，在 700 千米轨道进行太空行走更适合开展这项测试。

不过可以预见的是，随着航天技术的发展进步，未来人们一定有望挑战更高轨道的太空行走。

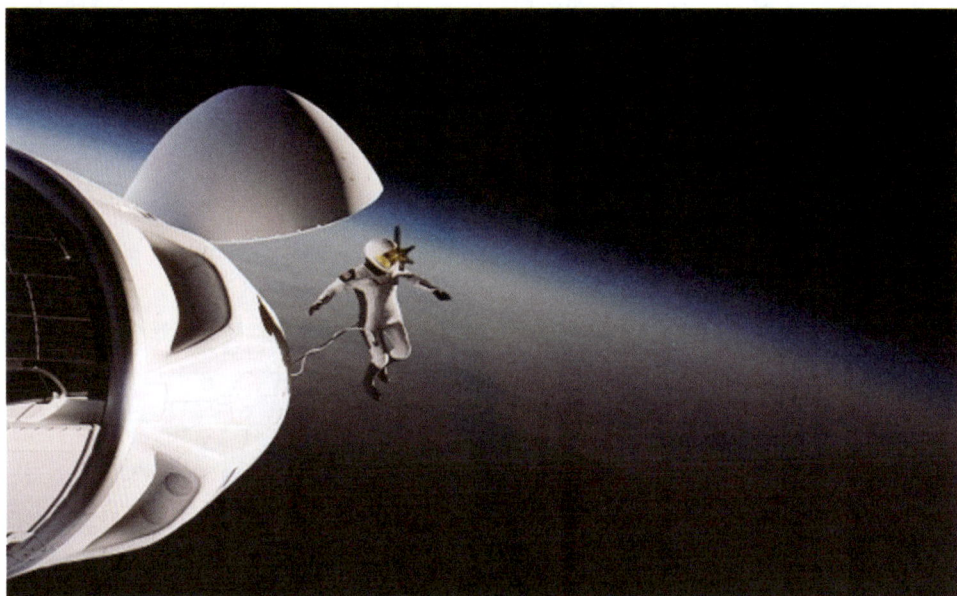

1-7　残疾人上太空面临哪些挑战

近年来，随着科技的不断进步和航天事业的蓬勃发展，航天员的选拔标准逐渐拓宽，挑战的领域也愈加多样化。2025 年，欧洲航天局的航天员约翰·麦克福尔已获得批准，成为首位参与国际空间站长期任务的残疾人航天员。这一举动不仅为残疾人开辟了全新的太空探索道路，也标志着航天事业向更加包容和多元化的方向迈出了重要的一步。然而，残疾人"上太空"并非易事，面临着诸多具体的挑战。

（1）地面训练面临的挑战

① 在重力模拟训练中的困难。单侧下肢缺损的航天员会面临显著的身体协调问

题。离心机训练是模拟太空失重环境的一种重要方式，航天员需要在高加速度下保持身体稳定。然而，失去一条腿的航天员在离心机中会遇到重心分布不均的问题，这增加了他们维持平衡的难度。需要依靠身体其他部位来补偿失去的下肢功能，以保持身体的稳定性。

② 在水下训练中的挑战。水下训练是另一种模拟太空失重环境的方法。虽然在水下环境中，失重状态可以部分减轻身体不平衡的问题，但水的阻力又带来了新的挑战。单侧下肢缺损的航天员需要依靠上肢和核心肌群的力量来推动自己前进，并保持流畅的动作。这要求他们具备更强的核心力量和身体协调能力。同时，他们可能需要定制专用设备来维持平衡和协调，以适应水下训练的特殊要求。

（2）太空环境的挑战

首先是移动与平衡问题。在国际空间站的微重力环境中，单侧下肢缺损的航天员在移动时会遇到更大的困难。航天员通常依靠墙壁上的扶手或用脚蹬墙来移动自己，但失去一条腿会影响他们的平衡和方向控制。因此，他们需要更多地依赖上肢力量来调整姿势和保持平衡。这要求他们具备更强的上肢力量和身体控制能力。

其次是固定装置与运动器材的适配问题。空间站内部有许多固定装置，如脚踏板等，这些装置通常是为双腿航天员设计的。对于单侧下肢缺损的航天员来说，他们需要使用额外的绑带或固定装置来确保自己在执行任务时不会漂移。此外，太空健身设备如跑步机和固定自行车也通常为双腿设计，单腿航天员需要专门适配的运动器材来满足自己的锻炼和操作需求。

再有就是宇航服的适配问题。现有宇航服的设计需要对腿部施加均衡压力以确保航天员的舒适性和功能性。然而，对于单侧下肢缺损的航天员来说，则需要调整宇航服的结构以适应其身体状况。

最后是紧急情况下的应对能力。在紧急情况下，如火灾、减压或航天器碰撞等，航天员需要迅速移动到安全区域。对于单侧下肢缺损的航天员来说，他们可能会因为身体条件的限制而影响快速反应能力。因此，他们需要接受专门的应急训练，以提高自己在紧急情况下的应对能力。

（3）欧空局为何选择约翰·麦克福尔上太空

英国的约翰·麦克福尔（John McFall）之所以被选择作为首位残疾航天员进入太空，看看他的个人经历，便可以找到答案。

约翰在19岁时遭遇了一场摩托车事故，导致膝盖以上截肢。尽管如此，约翰始终保持着对运动的热情，运动不仅帮助他恢复身体，还给他带来了情感上的支持。

在20岁出头时，约翰获得了体育与运动科学学士和硕士学位，并自学跑步技术。凭借对田径运动的热爱，他作为残奥会100米短跑选手，代表英国和北爱尔兰参赛，赢得了包括2008年北京残奥会铜牌在内的十几枚奖牌。退役后，他转而成为一名骨科医生。

约翰于2021年10月被欧洲航天局（ESA）选为其航天员候选人之一，并在2022年11月被正式选为后备航天员，成为"飞翔（Fly!）"项目的一部分，该项目旨在探索残疾人能否成功参与太空任务。他进行过适应性训练，包括力量训练和微重力环境适应训练，确保能够胜任太空任务。

尽管失去了一条腿，麦克福尔的体能和健康状况依然保持得很好，他的健康状况和强大的适应能力使他符合太空任务的基本要求。

（4）残疾人航天员有何优势

在太空中，微重力环境消除了对人体下肢行走或支撑的依赖。单侧下肢缺损的航天员已经在地面上通过使用假肢、轮椅或上肢力量适应了行动不便的情况，这种适应能力在无重力状态下转化成优势，使他们能够更灵活地利用上肢、核心肌群和身体其他部位进行移动、抓取物体或操作设备。相比传统依赖双下肢的航天员，他们可能更习惯于在限制条件下优化身体协调。

在太空中无须支撑体重，单侧下肢缺损的物理限制被大大减少。单侧下肢缺损的航天员仅依赖上半身力量，从而减少因下肢疲劳或不适带来的负担，与正常宇航员相比，减少了在重力环境下长时间活动时可能遇到的肌肉疲劳或关节压力，从而在任务中保持更高的效率和持久性。

单侧下肢缺损的航天员因其生活经历和物理限制，一般会发展出独特的视角和解决问题的能力，所以他们习惯于从不同角度思考问题，并在资源有限下找到解决问题的方案。这种能力对太空探索任务是非常宝贵，例如在设备故障、任务调整或资源短缺时，通常需要提出奇葩的应对策略。

此外，不同类型的残疾航天员在执行太空任务时还有不同的优势。例如，自20世纪50年代以来，NASA发现，由于前庭系统的差异，听障航天员天生对晕动病具有较强的抵抗力或免疫力。实验结果表明，听障航天员能够很好地适应外太空环境中的晕动状态，为长期太空任务提供了重要支持。此外，受听障航天员参与的启发，工程师们还设计出来了适合无声环境的通信和操作系统，从而提升了任务的效率和安全性。

（5）历史上曾有几位残疾人参与过太空任务

截至目前，尚未有残疾人真正进入太空执行任务。

然而，著名理论物理学家史蒂芬·霍金（Stephen Hawking），于2007年4月26日乘坐一架由 Zero-G Corp 运营的特别改装的波音 727-200 喷气式飞机，体验了失重状态。这是他测试自己是否能承受太空飞行中涉及的重力加速度的一次尝试。严格来说，这并不是传统意义上的"太空实验参与"。

当时，霍金表达了他希望未来能进行真正的太空旅行的愿望，并接受了理查德·布兰森（Richard Branson）提供的乘坐维珍银河（Virgin Galactic）飞船的免费机会。然而，在他去世（2018年3月14日）之前，商业太空飞行尚未实现，因此他未能实现这一愿望。

综上所述，残疾人上太空面临着诸多具体的挑战，包括身体协调与训练挑战、太空环境中的挑战、心理与社会挑战以及长期太空生活的影响等。然而，随着技术的不断进步和辅助设备的发展以及社会对残疾人参与太空任务的认识和支持不断提高，我们有理由相信未来会有更多的残疾人能够跨越身体的局限，迎接属于他们的星际旅程。这不仅是对太空探索的一次勇敢尝试，更是对人类突破身体极限的一次挑战和启示。

1-8 控制体重，看看航天员怎么做

十四届全国人大三次会议举行记者会，国家卫生健康委员会主任雷海潮表示，将持续推进"体重管理年"行动，普及健康生活方式。那么，选拔对身体要求更加严格的航天员时，对体重有什么具体要求呢？航天员在控制体重方面都是怎么做的？上天后在微重力环境下，又是怎么控制体重的？普通人可以从航天员体重管理上借鉴什么？

（1）在选拔航天员的过程中，对体重有什么具体要求

在航天员选拔过程中，体重是一个重要的考量指标，但具体要求因航天机构而

异。NASA、ESA 和俄罗斯航天局等机构通常没有明确的体重限制，但身高与体重要符合相关的指数。比如，身高 165 厘米的候选人，体重约限制在 50～70 千克之间；而身高 183 厘米的候选人，体重约限制在 63.5～83.5 千克之间。

NASA 对航天员候选人的体质指数（Body Mass Index，BMI，体重与身高的指数）通常要求在 19～27 之间，BMI 过低可能意味着体脂肪或肌肉不足，而 BMI 过高则表明肥胖，这两种情况都会影响航天员在太空中的表现。

除体重外，为了确保航天员在飞船或穿戴航天服时的舒适活动，NASA 对候选人的身高要求通常在 157～190 厘米之间，ESA 对候选人的身高要求在 153～190 厘米之间。其他航天机构（如俄罗斯航天局）也有类似的身高要求。

此外，尽管年龄和性别与体重没有直接关系，但身体健康标准是需要根据这两者进行调整的。再有就是，一些航天机构对身体脂肪比例也有要求，通常男性的身体脂肪比例限定在 15%～20% 之间，女性的则限定在 20%～25%。

（2）航天员在地面，怎样保持体重指标

NASA 航天员在地面上通过饮食、训练、健康监测和心理支持等多个方面保持体重指标。饮食上，根据个人需求而采用个性化方案，确保摄入足够的高蛋白食物（如瘦肉、鱼、蛋和豆类），以维持肌肉质量，并选择复合碳水化合物（如全谷物、燕麦等）提供持久能量，同时避免摄入过多的糖分和脂肪。有氧运动和力量训练是航天员日常训练的核心，通过跑步、游泳、骑车等有氧运动燃烧卡路里，并通过力量训练增加肌肉量和骨密度，防止肌肉萎缩和骨质流失。

为了确保健康，航天员还会定期进行体脂、BMI、骨密度和肌肉量等健康指标的监测，使用先进的设备来跟踪身体变化并调整训练计划。除了身体训练，心理健康同样重要，NASA 为航天员提供心理辅导和压力管理训练，帮助他们应对长期高强度训练带来的心理压力，避免情绪波动影响饮食和体重。

此外，航天员在地面上还需要保持规律的作息和充足的睡眠，以维持代谢稳定和促进身体恢复。通过这些综合措施，NASA 能够确保航天员在执行任务前保持最佳的体重指标，为即将到来的太空任务做充分准备。

（3）进入太空的航天员，体重会发生怎么样的变化

进入太空的微重力环境后，航天员的体重会发生明显变化。在太空中，地球的重力几乎不存在，航天员会处于失重状态，其肌肉和骨骼不再承担地球上的重量负担，而长期缺乏使用则会导致肌肉萎缩和骨密度下降。因此，虽然航天员的体重可能会减少，但这反而意味着他们变得不健康，因为体重的减少主要是由于肌肉和骨骼的流失，而不是脂肪减少。

除了肌肉和骨骼的变化，微重力还会影响体内液体的分布，导致水分更多地集中在上半身和头部，使航天员面部肿胀或上半身变得更重，但整体体重仍然会有所下降。

在太空中，航天员的代谢率也会受到影响。由于缺乏足够的运动，航天员的身体趋向于减少脂肪燃烧，增加脂肪储存。因此，尽管航天员的体重可能下降，但体脂率却会有所上升，对长期健康产生不利影响。

NASA 航天员斯科特·凯利（Scott Kelly）在国际空间站停留了 340 天，而他的双胞胎兄弟则留在地球上，他们参加了关于长期太空飞行对身体的影响的研究。其中，斯科特·凯利在轨道上体重减轻了 7%。

2024 年 6 月，两名美国宇航员乘坐波音的"星际客机"（Starliner）前往国际空间站，但由于技术问题被滞留在太空。女宇航员威廉斯（Sunita Williams）被发现手臂和腿部的肌肉群体积明显减小。

（4）航天员在太空，保持体重指标的措施，与在地面有何不同

在地球上，航天员的健身计划通常是根据他们的体重设计的。但是在太空的微重力环境中，航天员保持体重指标会面临更多挑战，因此需要采取更严格的锻炼、饮食控制和健康监测等措施，以应对其对体重指标造成的影响。

首先，在地面上，航天员可以利用重力来提供自然的阻力，通过跑步、游泳或骑自行车等方式进行锻炼。而在太空中，他们需要使用专门的模拟重力的设备进行锻炼，例如太空中的跑步机、特制动感单车等以保持肌肉质量和骨密度。

其次，饮食控制在太空中也非常特殊。在地面上，航天员可以通过新鲜食物来保持营养平衡，而在太空中，食物必须经过特别设计，既要高能量、易储存，又要便于食用。航天员的食物多为脱水或压缩的形态，通常富含高质量的蛋白质、复杂碳水化合物、必需脂肪酸和矿物质，以支持航天员的肌肉和骨骼健康。特别是钙和维生素 D 的补充，对于防止骨质流失来说至关重要。

最后，航天员确保自己不会损失太多体重是非常重要的。这是因为微重力对人体来说是一个恶劣的环境，会使人平均每月损失 1% 的骨密度，肌肉也会萎缩；在太空中，航天员的心脏也会变弱，因为它不需要像以前那样努力地将血液泵送到宇航员的全身。

（5）在太空，航天员监测的是自己的质量，而不是重量

在体重监测方面，太空中的监测比地面更加复杂。当航天员在太空中失重时，他们如何测量自己的体重呢？这就需要了解质量和重力的概念。

人的体重是你的质量乘以你周围的引力场引起的加速度，显然，人的质量是不随引力场变化而变化的。例如，由于月球上的重力比地球上的重力低，因此阿波罗

航天员在月球表面行走时体重更轻，这只是体重秤上的数值改变，但实际上人的质量是没有变化的。

那么，国际空间站上的航天员是如何测量他们的质量的呢？这就需要用到牛顿第二定律。

牛顿第二定律 $F=ma$ 是经典力学中的一个基本定律，它告诉我们，当一个物体受到一个外力时，它会产生一个加速度，而这个加速度的大小与作用力的大小成正比，与物体的质量成反比。换句话说，力越大，物体的加速度越大；质量越大，物体的加速度越小。此外，加速度的方向总是与作用力的方向一致。

举个例子，如果你用力推一辆小车，小车的加速度取决于你了多大的力以及小车的质量。如果你用更大的力推，小车会加速得更快；如果小车的质量更大，同样的力产生的加速度就会更小。

NASA 的太空线性加速度质量测量设备（Space Linear Acceleration Mass Measurement Device，SLAMMD）和俄罗斯的人体质量测量装置（Body Mass Measurement Device，BMMD 都是利用弹簧的作用来测量航天员的质量。

SLAMMD，位于国际空间站的欧洲建造的哥伦布实验室内，它由一组"面板单元抽屉"组成，内部装有集成设备，通过一个粗壮的"导向臂"伸出。使用时，航天员需将双腿固定在腿部支撑组件上，腹部紧贴腹垫，并将头部或下巴靠在头枕上。随后，面板单元抽屉中的两个弹簧被释放，其产生的力推动导向臂抵住航天员，使航天员被向后推。

由于弹簧是按照特定规格制造的，其施加的力是已知的。航天员被弹簧推动时的加速度通过一种光学仪器测量，该仪器追踪导向臂的运动及其在一定时间内的移

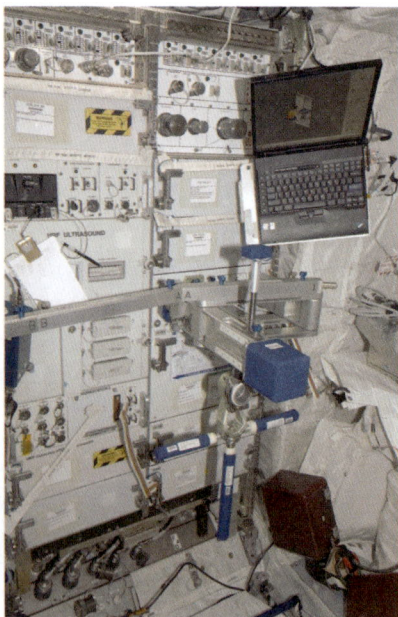

动速度。加速度的计算方法是将速度变化除以移动距离（约 1 米）所用的时间。连接到 SLAMMD 的笔记本电脑随后可以通过公式 $F=ma$ 进行简单计算，从而确定航天员的质量，其精度可达 0.2 千克以内。

俄罗斯的 BMMD 位于空间站"星辰号"模块中，与 SLAMMD 类似，BMMD 也使用弹簧，但它并非一次性推动，而是让航天员蹲在上面（在微重力环境下，这更容易做到）并保持平衡，然后它像跳跳竿一样上下运动。BMMD 的振荡速度取决于航天员的质量，如果没有负载，BMMD 会振荡得更快。因此，通过计时振荡周期，可以准确估算航天员的质量。

由此可见，无论是 SLAMMD 还是 BMMD，它们的核心原理都是通过已知的力和测量的加速度来计算航天员的质量。这种方法在微重力环境下尤为重要，因为传统的称重方式在太空中无法使用。

（6）普通人可以从航天员体重管理上借鉴什么

航天员的体重管理方法为普通人提供了系统化的参考框架，其核心在于将运动、饮食、监测与作息整合为一个动态平衡的体系。

普通人可借鉴"力量与有氧结合"的运动模式，例如每周进行 3 次跑步或游泳，搭配 2 次抗阻训练（如深蹲或哑铃练习），并利用弹力带等工具模拟太空阻力训练，以增强肌肉力量和代谢效率。

饮食方面，遵循"高蛋白 + 缓释碳水"原则，优先选择鸡胸肉、鱼类及全谷物类食物，同时参考航天员餐食的营养强化理念，通过奇亚籽或强化麦片补充钙、维生素 D 等关键营养素。

健康监测需借助智能设备实现精准追踪，例如使用运动手环记录每日活动量、用体脂秤定期分析体脂率与肌肉量变化，并将数据整理为简明报告，便于及时调整计划。

此外，需重视压力管理与睡眠质量对代谢的影响：通过每日 10 分钟冥想降低情绪化进食风险，并参考航天员的作息规律，确保每晚 7~9 小时高质量睡眠，可通过调节室内光线与温度（如使用遮光窗帘、保持 18~22℃环境）优化休息效果。这些方法虽源自太空任务，却能无缝融入日常生活，通过简单却持续的习惯调整，帮助普通人建立科学、可持续的体重管理方案。

1-9 小行星为什么会撞击地球

科幻喜剧电影《月球陨落》呈现出了"灭世法宝"——小行星。自从科学家研究认为可能是小行星撞地球引发恐龙灭绝后，人类对于小行星再次撞来的担忧从未消失。但大家有没有想过：天体一般拥有稳定的运行轨道，小行星为什么会撞击地球呢？

    直接答案是：小行星运行轨道"不靠谱"。天文学家发现，某些小行星10余年可能偏离运行轨道100多千米，难怪会"太空撞车"。

    那么小行星为什么会偏离运行轨道？是被别的天体引力干扰吗？有可能，所以才会有电影里的"月盾"等防御计划。另外，我们还要从小行星内部找主要原因。

    小行星没有大气层，主要散热方式是热辐射，从微观来看，就是粒子运动，比如把光子"扔"到太空，那么小行星就会受到反作用力。而且小行星的形状不规则，密度不均匀，导致不同区域的散热效率不同，受到的反作用力也不一样大。综合起来，小行星总会受到一个方向的推力。再考虑到小行星正常运行时也要自转和公转，这个推力就会造成非常复杂的影响，最终促使小行星逐渐偏离运行轨道。

    小行星散热引发的推力其实相当小，但正所谓"只要功夫深，铁杵磨成针"，日积月累下来，小行星每年偏离运行轨道数千米并不罕见。而小行星与地球的距离足够远，运行轨道角度的细微变化都有可能造成不同的结果。

    据观测，火星与木星之间的小行星带包括至少50万颗小行星，潜在威胁不少。而更外层的天体不断冲击木星"防盾"，难免有"漏网之鱼"逼近地球。由此，我们就能理解各国近年来为何对于小行星防御计划加大投入了。

1-10 地球末日会发生吗

    "地球末日"是科幻迷的永恒话题之一，很多人认为这是杞人忧天。不过，从科学角度来看，"地球末日"的可能性不应完全排除。具体来讲，"地球末日"可归纳为若干原因：太阳之死、银河系和仙女座星系发生碰撞、宇宙消亡等。

科学家推测，太阳寿命大约是 100 亿岁，截至目前，它大概已有 50 亿岁了，还能正常地释放能量。如果再过 50 亿年，人类还没找到地球之外的家园，很可能见证太阳耗尽燃料甚至爆炸的一幕。

今天，太阳比较稳定，其实质是太阳内部核聚变产生的能量正好与压缩太阳的力量"势均力敌"。但是，估计 50 亿年后，太阳内部的氢将基本耗尽，只剩下一些氦原子，不能再向外"正常"释放能量，那么整个太阳的平衡就会被打破。引力作用会促使太阳发生坍缩，其核心温度有可能超过 1 亿摄氏度，进而引发氦聚变为碳的反应。

随着时间推移，太阳的亮度将不断增强，迫使外层不断膨胀，直到太阳半径比地球绕太阳运转的轨道半径还要大！

届时，地球上的海洋会沸腾起来，直到完全蒸发到太空中；地球大气层也会蒸发、消散，变成太阳外层大气里环绕的"红热灰烬"；甚至地球上的所有物体都将"蒸发"殆尽。

慢慢地，太阳的核聚变反应逐渐停止，气态外层随之消失，露出"死寂"的日核，那时地球恐怕也不复存在了。

除太阳外，更浩大的星系也会威胁地球。科学家们发现，人类当前观测到的数十万个星系之中，只有少数的几个是朝向我们移动的。

比如，银河系和仙女座星系相距 240 万光年，以宇宙的维度衡量，属于"很近"，它们大约以 100 千米 / 秒的速度接近，照此推算，70 亿年后就会相遇。

虽然星际非常辽阔，仙女座星系里的恒星很难意外地和太阳相撞，但考虑到引力、辐射等安全距离，星系相撞还是有可能的。300 年前，牛顿曾预测：如果仅计算这两个星系的质量和速度，它们最终一定会相撞。

如果星系发生碰撞，或者即使是非常接近，必然会影响到太阳系行星和太阳系之外不计其数的彗星的轨道。

比如，如果地球被其他恒星的引力"吸引"，转移到新轨道，与恒星的距离就不一定能恰到好处地维持地表液态水存在，要么地表水蒸发殆尽，要么凝结成冰，科幻大片多次向我们呈现过类似景象。

理论上，人类可以借助未来科技的"神奇力量"，延长太阳的寿命，或者更长久地、安全地利用太阳能。可一旦地球被"甩"到冰冷的太空深处，人类在地球上的所有努力很可能都是徒劳的，毕竟"流浪地球"的科技难度在今天看来仍然超乎想象。

届时，地表温度会下降，宝贵的大气首先会液化，进而落到地面上，冷冻成冰，包裹在地球表面。人类要想摆脱这种命运，恐怕就不得不预先考虑在悲剧发生前寻找另一颗行星作为家园。

随着恒星从星际云团中产生，给下一代恒星留下的气体越来越少。慢慢地，宝贵的气体会耗尽，少数大质量恒星将完全坍塌，直到再也看不见。此外，有些恒星随着超新星爆发而消散在星系里。

最终，包括太阳在内的大多数恒星会耗尽核心的燃料，经历过巨星阶段，再坍缩成致密的物质球，在冰冷的宇宙中散发着微弱的余热。

总之，地球是靠太阳来获取能量、维持生命的。倘若来自太阳或者其他恒星的能量供应中断了，地球表面和内部的物理、化学过程就会逐渐停止，进而导致地球大降温，生命必然面临绝境。

不过，我们无须过度恐慌，太阳目前仍在稳定地工作着，距离太阳耗尽燃料还需漫长而遥远的时光。而在这段时间里，人类还有时间继续发展我们的文明，探索宇宙更多的奥秘。

附录二
星际文明
探索

　　随着人类对太空奥秘探索的不断深入，太空探索领域中的许多问题都归结到：在宇宙中我们是孤独的吗？地球的生命代表一次特别意外，或者是一次自然规律不可逆转结果？为此，人类对太空的探索不断向宇宙外层空间延伸。

2-1　星际文明探索的历史

（1）宇宙没有边界，也可能存在外星人

1584 年时，乔尔丹诺·布鲁诺（Giordano Bruno）不仅接受了哥白尼的日心说，即太阳是宇宙的中心，他曾提出："千万颗恒星都像太阳一样巨大而炽热，这些恒星都是以巨大的速度向四面八方不断地辐射能量。它们的周围也有许多像地球这样的行星，行星周围又有许多卫星。所以，生命不仅在我们的地球上有，也可能存在于那些人们看不到的遥远的行星上……"

布鲁诺的观点在今天看来具有极大的科学前瞻性，但在 16 世纪的欧洲却是一种危险的思想。他不仅因支持日心说被视为异端，更因为他的"无限宇宙"与"多重生命世界"理论触犯了宗教教义。1600 年，布鲁诺因异端罪被罗马教廷处以火刑。

（2）德雷克方程：探索宇宙中智慧生命的公式

德雷克方程（Drake Equation）是由美国天文学家法兰克·德雷克（Frank Drake）在 1961 年提出的一个数学工具，它旨在估算银河系中可能存在的可与我们通信的智慧文明数量。虽然这个方程不能直接告诉我们确切的结果，但它为科学家提供了一种系统化思考的方式，探讨宇宙中智慧生命的存在可能性。

德雷克方程公式：$N=R^* f_p n_e f_l f_i f_c L$

其中，N 表示银河系中可能存在的智慧文明数量。R^*（恒星形成速率）表示银河系中每年形成的恒星数量。科学家认为，每年大约有 1-10 颗新恒星诞生。f_p（拥有行星的恒星比例）：这是恒星中有行星系统的比例。现代天文学表明，大部分恒星都有行星系统，估计值为 0.5～1。n_e（每个行星系统中适宜生命存在的行星数量）：在每个行星系统中，有多少行星位于"宜居带"，即行星与恒星之间的距离适中，水可以以液态形式存在。估计值通常为 0.1～1。f_l（生命实际出现的概率）：在适宜生命存在的行星上，生命实际出现的概率。科学家对此并不确定，但根据地球的例子，这个值可能是 0.01～1。f_i（智慧生命出现的概率）：生命发展到产生智慧、进行复杂思考的概率。目前只能通过地球上的经验估计，可能值为 0.01～1。f_c（可通信文明的概率）：具有智慧生命的行星中，发展出能够进行远距离通信技术的文明的比例。这

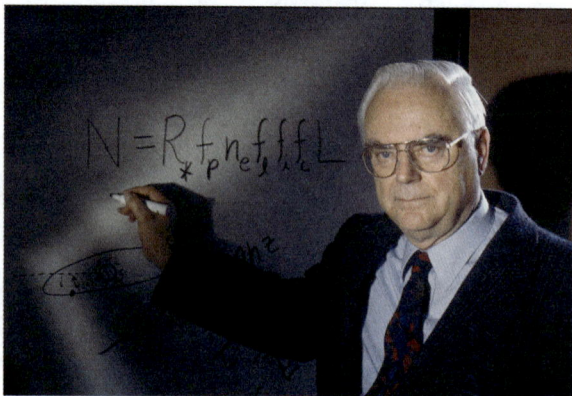

个值存在很大不确定性，但可能为 0.01～1。L（文明能够持续发送信号的时间）：智慧文明能持续多久向宇宙发出信号？这取决于文明是否能在技术发展中长期生存。可能值从几十年到几千年甚至更长不等。

（3）在实验室中验证了生命的起源

1953 年，芝加哥大学的学生斯坦利·米勒和他的老师哈罗德·尤里，做了一个关于生命起源的实验：他们让电流通过一些能够模拟地球原始大气层的混合气体时，得到了氨基酸。

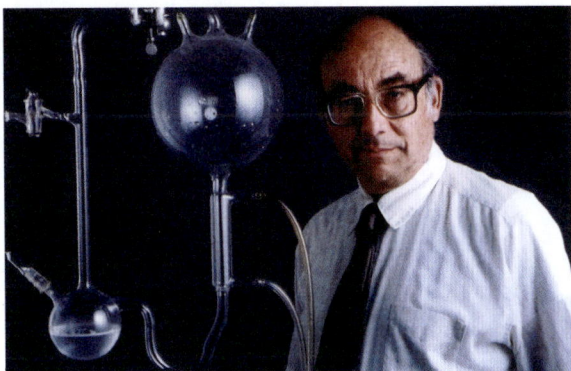

今天，科学家认为：在宇宙之初，一切物质都是简单化学形态；后来产生了氨基酸，氨基酸是蛋白质；蛋白质是形成单细胞的基础，而单细胞逐渐形成了植物和动物。

（4）尝试接收外星人的信号

1959 年，美国康奈尔大学的两位物理学家菲利普·莫里森和朱塞佩·科尼在《自然》杂志上发表了一篇文章，指出了用微波进行星际通信的可能性，从此拉开了人类利用射电望远镜进行地外文明搜索的帷幕。

我们都读过童话《绿野仙踪》（又译为《神秘欧兹国》），借用童话中奥兹国的名称，科学家们于 1960 年创立了一个"奥兹玛"计划，这个计划的目标是搜索来自其他恒星的信号（至今还没有获得有价值的结果），这个项目在 1990 年获得美国政府关注和重视，为了后来启动 SETI（Search for Extra Terrestrial Intelligence，简称 SETI）项目奠定了基础。

1977 年 8 月 16 日，俄亥俄州立大学的大耳朵电波望远镜，观测到了一个"Wow"的信号，并且持续地观测了 72 秒钟，但是之后再也没有收到这种信号。

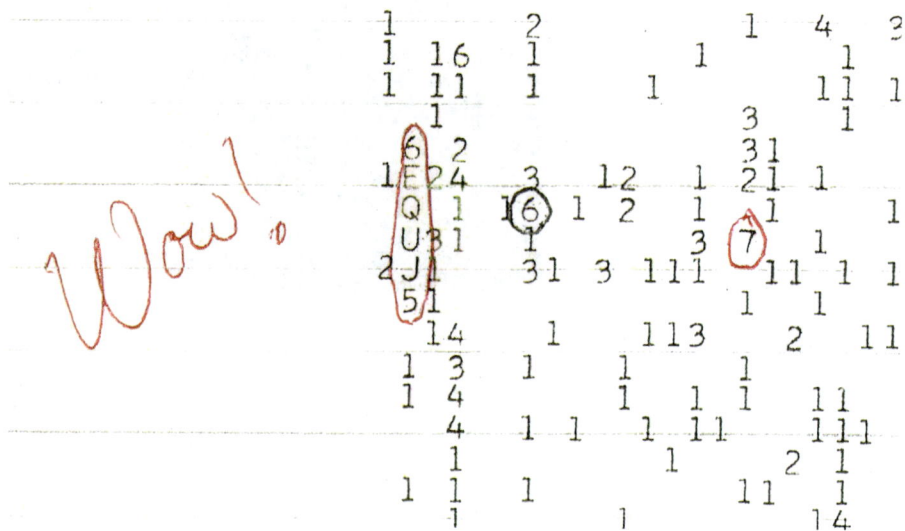

1992 年美国政府资助启动了为期十年的 SETI 项目，采用射电接收方法来接收地球外文明发来的无线电波，但一年后取消了这个项目。1993 年，SEIT 项目委员会再次讨论决定启动一个"凤凰计划"项目，开始在南半球利用澳大利亚新南威尔士的帕克斯 64 米射电望远镜进行观测，随后又返回到北半球的美国国家射电天文台。直到 2004 年，凤凰计划已观测了恒星系名单上一半的行星，但仍然未有地外文明信息被检测到。

（5）阿雷西博信息：地球发出的宇宙问候

1974 年 11 月 16 日，在天文学家法兰克·德雷克的主持下，人类通过波多黎各的阿雷西博射电望远镜向宇宙发射了一段特别的信息，称为阿雷西博信息。科学家希望通过无线电波与可能存在的外星文明建立联系。这条信息被发送到距离地球 25000 光年的 M13 星团，那里有数十万颗恒星，是一个适合信号传播的目标。

阿雷西博信息采用了二进制代码，解码后形成一个简单的图形，包含了多项关于地球和人类的重要信息。这些内容包括：基础数学和数字展示、构成生命的化学元素、DNA 的双螺旋结构、人类的形象、地球在太阳系中的位置以及阿雷西博射电望远镜的示意图。这些信息旨在向外星文明展示我们的生物学特征和科技水平，并帮助他们理解我们的存在。

尽管阿雷西博信息到达 M13 星团需要 25000 年，回信则需要 50000 年，但这次尝试具有重要的象征意义。它不仅展示了人类的科学进步，也表达了我们对宇宙智慧生命的好奇心与探索精神。无论外星文明是否存在，阿雷西博信息将继续在宇宙中传播，成为人类文明探索宇宙的一项历史性标志。

（6）启动与外星文明的"对话"项目

2013 年，美国科学家启动了一个名为"孤独信号"（Lone Signal）的项目，旨在让普通人也能参与到与外星文明的"对话"中。通过这个项目，任何人只需在"孤独信号"网站上注册并支付一定费用，就可以将自己的文字信息以无线电波的形式发送到太空。这一创新项目不仅是科技与大众的结合，也承载着人类对于宇宙中其他生命的无限好奇。

2013 年 7 月 18 日，"孤独信号"项目向宇宙发出了第一批无线信号。这些信号中包含了来自世界各地参与者的简短消息，其中一条特别引人注目——来自美国未来学家、预言家雷·库兹韦尔（Ray Kurzweil）的信息："来自奇点大学的问候。当你收到我们的信息时，科技已足以让我们互相了解和交流。"这条信息充满了对未来科技发展的乐观展望，也体现了人类与外星文明建立联系的美好心愿。

这些信息的目标是距离地球约 18 光年的红矮星 Gliese 526。按照无线电波的传播速度，这些信号将在 18 年后到达目标星球。如果那里存在外星文明，他们可能会收到并解读这些信息。然而，要等到他们的"回复"传回地球，至少还需要 18 年。这意味着，这个结果最快也要 36 年后才能揭晓。无论结果如何，这一项目象征着人类对探索宇宙的勇气与坚持，也许它将为未来的星际通信奠定基础。

（7）对生命形式的更多思考

1977 年，科学家杰克·威廉姆森和他的研究团队在地球深海的一次探测中，意外地发现了令人震惊的生物奇迹。在太平洋深海热液喷口附近，研究人员发现了一片繁荣的生物群落。这些喷口释放出富含矿物质的炽热液体，温度高达 300 摄氏度以上，是一种极端环境。但在这样的地方，科学家却发现了一系列特殊生物，包括巨大管虫、盲虾和耐热细菌等，它们依靠化学物质而非阳光生存。这一发现彻底改变了人类对生命存在条件的认知。

过去，人们普遍认为生命的存在需要阳光、水和适宜的温度等条件，但深海热液喷口中的生物显示，生命可以依靠化学能在黑暗、高压和高温的环境中繁衍生息。这种现象被称为化能合成，即生物通过化学反应而不是光合作用获取能量。这一发现不仅在地球科学中具有重要意义，也启发了科学家对宇宙中可能存在生命的思考。

由于宇宙中许多行星可能存在极端环境，类似于地球的深海喷口，科学家推测，外星生命也许并不需要和我们一样的生存条件。在遥远的恒星系中，如果行星内部有热源，并存在液态水或其他液态介质，就有可能孕育出特殊的生命形式。因此，科学家在探测太阳系外行星和木星、土星的卫星时，特别关注极端环境下的潜在生命体。深海热液喷口的发现不仅是地球科学的突破，更为人类寻找地外生命提供了新的方向。

（8）霍金对星际文明探索的观点

英国著名物理学家斯蒂芬·霍金曾多次对人类与外星文明接触的潜在危险提出警告。他认为，如果我们主动与外星文明建立联系，结果可能对人类并不友好。

霍金担心，如果外星文明比我们更加先进，他们可能会像历史上许多征服者一样，出于资源掠夺或生存需要，而对地球展开侵略。在他看来，人类不应贸然主动向外星文明暴露地球的位置，因为我们对他们的目的和意图一无所知。一旦对方拥有更强大的科技实力，我们可能难以应对。

因此，霍金建议人类应该更多地专注于监听和研究外星信号，而非主动发出信息。这一观点引发了广泛的讨论，也提醒了科学家们在探索宇宙时需要更加谨慎，既要满足人类对宇宙未知领域的好奇，也要防范可能的风险。

2-2 戴森球的概念

人类在宇宙中是否孤单？是否有外星文明存在？如果对这些文明进行等级划分，人类又该处于哪个段位？

在天体物理学家尼古拉·卡尔达舍夫提出的卡尔达舍夫量表中，Ⅰ型文明是行星能源的主人，这意味着他们可以完全利用这颗行星以及周围卫星能源的总和。Ⅱ型文明能够收集整个恒星系统的能源。Ⅲ型文明可以将银河系系统的能源为其所用。而人类目前处于0.7276型，距离成为Ⅰ型文明尚需数千年时间。

根据美国宇航局的太阳辐射和气候实验测量，在地球上，人们从太阳接收到的能量总量为1361瓦每平方米。然而，这只是太阳向各个方向辐射的总能量——3800亿万亿瓦特的一小部分。如果人类能够围绕恒星建造一个巨型的人工结构，那就能够收集太阳所有的辐射能量，进而跃迁为卡尔达舍夫Ⅱ型文明。而这个结构就是物理学家弗里曼·戴森于1960年提出的戴森球。

在著名的科幻作品《星际迷航》中，导演将戴森球体描绘成具有巨大、坚固的金属球壳，这引起了广大科幻迷们的热议，以至于戴森本人都不得不出面澄清。

金属球壳在机械和动态上不稳定，且容易受到可能使其破裂的冲击。引力扰动也可能将它推向被它包围的恒星，从而摧毁它。如果围绕恒星的是一群小型太阳能收集器，就会比一个巨大的金属球壳更可行，因为即使星群的一部分受损，其余部分也不会被影响，并且单独的收集器可以依靠推进器保持它们的位置。因此，戴森球更准确地说应该是戴森群。

为建造戴森球，戴森进行了一次粗略的数量级计算：一个文明必须拆除一颗木星大小的行星，才能有足够的原材料来建造戴森球。但对于人类来说，木星离太阳太远了，并不适合建造戴森球。

天文学家阿姆斯特朗提出：人类可以拆除最内层的水星来制造戴森球。水星上包含足够的有用材料，人们可以先在水星上建造相对较小的太阳能电池阵列，产生的能量可以为小行星的开采提供动力，以建造更多的太阳能电池阵列。这些太阳能电池阵列将提供足够的能量用于开采和拆除水星。最后就能在水星轨道上建造一个球形的太阳能收集器群，每个收集器每平方米有245克。

其实，从1980年开始，天文学家便开始利用红外天文望远镜来搜寻戴森球候选目标。在最近一项研究中，天文学家在人工智能的帮助下，筛选了美国宇航局宽视场红外巡天探测器、欧洲航天局的盖亚天体测量任务和两微米全天巡天望远镜数据库中的500万个目标星系，发现有7个星系表现出过量的红外发射，即成为戴森球候选目标。

尼古拉·卡尔达舍夫（Nikolai Kardashev，1932—2019）是俄罗斯著名的天体物理学家，以提出卡尔达舍夫文明等级理论而闻名。

卡尔达舍夫的主要成就：

① 卡尔达舍夫文明等级：他在1964年提出了一种用能量利用水平来衡量宇宙中外星文明发展的理论。

② 射电天文学研究：卡尔达舍夫在研究宇宙射电波和脉冲星方面有重要贡献。他的研究推动了科学家们更广泛地利用射电望远镜寻找宇宙中的信号，甚至是可能的外星文明信号。

③ 参与SETI计划：卡尔达舍夫积极参与搜寻地外智慧生命（SETI）计划，认为如果高等级文明存在，他们可能通过电磁波或射电信号与宇宙交流。

④ 影响力：卡尔达舍夫的文明等级理论被科幻作品和学术研究广泛引用，为理解宇宙中的智慧生命可能性提供了框架，也启发了人类对未来文明进化的思考。

弗里曼·戴森（Freeman Dyson，1923—2020）是一位具有跨学科影响力的物理学家、数学家和科幻思考者。他因在量子电动力学、凝聚态物理和天体物理学方面的研究取得重要成就而闻名，同时也是一位未来学家，对科技发展和人类未来有独到见解。

他的重要成就与贡献：

①量子电动力学：他在解释量子场论中的费曼图及相关理论方面做出了重要贡献，推动了现代物理的发展。

②戴森球概念：最著名的未来学概念之一。

③科学普及与未来思考：他对科技、人类未来和宇宙探索发表了许多深刻见解，认为人类应积极探索太空，扩展生存空间。

④跨学科思想家：他不仅局限于物理，还在数学、生物学和哲学等领域发表了许多观点。他倡导科技与伦理的平衡，关注人类未来的挑战和机遇。

⑤影响力：戴森一生不仅推动了科学研究，还影响了科幻作品、宇宙学研究以及 SETI（搜寻地外文明）等领域。他被认为是"思想开放、好奇心旺盛"的科学家典范之一，推动了许多未来学设想走向主流讨论。

2-3 太阳系中可能存在地外生命的地方

人们总是好奇，在浩瀚宇宙中，地球是否是唯一拥有生命的星球？在太阳系中，虽然地球是已知唯一孕育生命的星球，但科学家认为，太阳系中还有一些环境特殊的天体可能具备孕育生命的条件。

（1）木卫二（Europa）：冰下海洋的生命希望

木卫二是木星的卫星，表面覆盖着厚厚的冰层，但科学家认为在冰层之下可能存在一个全球性的液态水海洋。由于海底可能存在热液喷口等热能来源，类似于地球深海的极端环境，那里或许可以为微生物甚至更复杂的生命提供能源。美国宇航局（NASA）计划在未来通过探测任务，进一步确认冰下海洋的成分和潜在生命迹象。

木卫二存在的潜在生命形式：微生物或类似深海热液喷口生物。

（2）土卫二（Enceladus）：喷射水蒸气的卫星

土卫二是土星的一颗小型卫星，科学家们对它产生浓厚兴趣，主要是因为它的表面存在间歇泉式的水蒸气喷发。探测器在喷发的物质中检测到有机分子和可能的盐分，表明地下存在液态水海洋。这一发现让科学家怀疑，土卫二的地下可能存在类似地球深海的生命。

土卫二存在的潜在生命形式：化学能驱动的微生物或单细胞生物。

（3）火星：曾经的温暖湿润星球

火星是人类研究地外生命的重点对象之一。过去的火星比现在更温暖湿润，可能存在河流、湖泊甚至海洋。尽管火星如今表面干燥而寒冷，地下仍可能有液态水储存。近年来，火星探测器在其土壤中发现了液态盐水的痕迹，并检测到可能由微生物产生的甲烷气体。

火星存在的潜在生命形式：曾经存在的微生物，或者仍在地下水源中存活的微生物。

（4）木卫三（Ganymede）——太阳系中最大的卫星

木卫三是木星最大的卫星，也是太阳系中最大的卫星。它表面同样覆盖着冰层，科学家认为在冰层之下可能存在一个咸水海洋。木卫三的特殊之处在于它拥有磁场，这意味着可能存在液态水和内部热源，为生命提供了稳定的环境。

木卫三存在的潜在生命形式：微生物或化学能驱动的简单生命。

（5）土卫六（Titan）：甲烷和乙烷海洋的奇异世界

土卫六是土星最大的卫星，以其浓密的大气层和表面的液态甲烷和乙烷湖泊而闻名。虽然这里并没有液态水，但科学家推测，这种极端环境下或许存在碳氢化合物驱动的外星生命形式。此外，土卫六的地下可能也有液态水海洋，为另一类生命提供条件。

土卫六存在的潜在生命形式：类似地球生命形式的微生物，或者依赖甲烷和乙烷存活的生命。

（6）金星大气层——酸性云层中的微生物？

金星表面温度极高，足以融化铅，因此被认为不适合生命生存。然而，科学家在其大气层中的高空云层发现了可能的磷化氢（PH_3）信号，这是一种可能与生命活动有关的化学物质。虽然磷化氢的来源尚不明确，但这为探索金星高层大气中的微生物生命提供了新的方向。

金星存在的潜在生命形式：飘浮在云层中的微生物。

综上所述，虽然地球是目前唯一确认存在生命的星球，但太阳系中并不缺乏可能孕育生命的地方。科学家正在利用探测器、太空望远镜和行星探测器，持续搜寻生命的痕迹。从冰下海洋到化学丰富的大气层，每个候选地点都可能为人类揭开宇宙生命的奥秘。或许在未来的某一天，我们会发现地球并不是生命的孤岛，而只是宇宙生命网络中的一部分。

2-4 利用温室气体寻找外星人

在探索浩瀚宇宙的过程中，寻找外星生命一直是人类梦寐以求的目标。尽管外星生命目前尚未被人类发现，但美国加州大学一项最新研究表明，如果在遥远的外太空发现了类似于地球上排放的温室气体，则可能表明该行星上有智慧生命正在进行星际工程或行星改造活动。

这也意味着人类除了依赖光学望远镜和射电望远镜等技术，还可以通过温室气体去来寻找外星人。那么，如何通过温室气体寻找外星人呢？

（1）外星文明的隐秘信号

温室气体是指在大气中能够吸收和重新辐射热量的气体，是造成地球温室效应的主要原因。人们熟知的二氧化碳、甲烷等都属于温室气体。还有一些温室气体具有独特性，如人造性、强效性、长期稳定性、可探测性等，科学家们可以通过探测这些特定的温室气体来识别外星文明是否存在，从而为搜寻外星智慧生命提供新的途径。

温室气体可以看作生命活动的"指纹"，在地球上，许多温室气体是通过生物活动产生的。例如，植物通过光合作用吸收二氧化碳并释放氧气，而某些微生物则在无氧环境下产生甲烷。因此，当人们在其他行星的大气中探测到这些气体的异常浓度时，很可能意味着该行星上存在生命活动。

那么，这些温室气体的独特性应该如何理解呢？

一是人造性。某些温室气体如氟化甲烷、乙烷、丙烷，以及由氮和氟或硫和氟组成的气体，在自然界中不会大量存在，必须通过工业过程制造，而制造和部署这些气体需要复杂的工业流程和航天能力。因此，如果在系外行星大气中探测到这些气体，则表明该行星上可能存在使用技术的智慧生命。

二是强效性。某些人造温室气体具有极强的温室效应，比如六氟化硫的变暖能力是二氧化碳的 23500 倍。这意味着如果这些气体少量存在，就可以将冰封的行星加热出液态水，并使行星表面持续存在液态水，更加适宜生命生存。

三是长期稳定性。某些温室气体在大气中的寿命非常长，可以存在数万年。这使得外星文明并不需要频繁补充温室气体，就可以长期维持行星气候稳定。

四是可探测性。某些温室气体的光谱特征非常明显，使得它们在遥远的天体光谱中也能被清楚识别。科学家们利用现有的或计划中的太空望远镜技术，就可以在附近的系外行星系统中探测到这些化学物质，即使它们的浓度很低。

（2）揭开外星气体的神秘面纱

那么，如何利用现有技术来探测这些遥远星球上的温室气体呢？幸运的是，随着对宇宙的探索不断深入，人类已经拥有了越来越多的先进技术和强大的观测工具来探测和分析遥远行星的大气成分。

其一是太空望远镜。典型的太空望远镜，如哈勃空间望远镜和詹姆斯·韦布太空望远镜均可对行星气体进行探测分析。哈勃望远镜具有强大的光谱分析能力，可以通过分析行星的反射或透射光，精确测量大气中各类气体的成分。韦布望远镜作为下一代巨型空间望远镜，具备更高的分辨率和灵敏度，特别是对红外线的探测能力，使其可以更清晰地捕捉温室气体的光谱特征。

其二是直接成像技术。直接成像技术是指通过望远镜或空间望远镜直接捕获天体发出的光，生成天体图像，从而揭示行星的大气特征。如欧洲将执行的 LIFE 任

务，能够使用红外光对行星进行直接成像，从而探测大气中的化学物质。

其三是凌星法。当系外行星从其恒星前面经过时，会遮挡部分星光，通过分析星光的变化，可以探测行星大气中的特定气体。如美国的 TESS 作为一颗专门用于搜寻凌日系外行星的卫星，通过捕捉行星过境前后恒星光谱的变化，间接推测行星大气的成分。

其四是多普勒光谱学技术。多普勒光谱学是一种利用多普勒效应来测量天体运动的技术。在天文学中，通过测量恒星光谱中由于行星引力引起的多普勒位移，可以间接探测行星大气中的气体成分。如加纳利大望远镜配备了高分辨率超稳定光谱仪，可以用于探测类太阳星周围宜居带里的低质量行星，即"地球 2.0"，并且可以进行系外行星大气的精细研究。

其五是大气模型和模拟。高级计算机模型和模拟技术可以帮助科学家理解行星大气的复杂动态。通过模拟行星大气中温室气体的行为，科学家可以评估不同温室气体对行星气候的影响。

其六是原位分析仪器。对于未来可能的载人或无人着陆任务，原位分析仪器将是探测行星温室气体的关键。这些仪器可以直接在行星表面或近地轨道上分析大气成分。

除了上述技术之外，未来还会有更多先进的技术和设备涌现，进一步提升人们的观测能力，使人们能够更加精确地探测系外行星大气中的微弱信号。通过综合利用多种观测手段，科学家们将能够构建起一个全方位、多尺度的观测网络，以捕捉外星文明的蛛丝马迹。

2-5 UFO 与外星人

UFO（Unidentified Flying Object）是不明飞行物的英文简称，特指不明来历、不明性质的飘浮及飞行在天上的物体。需要指出的是，很多人把 UFO 和飞碟"绑定"，其实 UFO 形态各异，可能更像飞机、鸟或气球。UFO 常被人们津津乐道，原因也不是形状，是因为它往往被拿来与外星人扯上关系。

从古至今，一直有不少人相信存在外星人。随着对太阳系其他星球乃至浩瀚宇宙的了解不断加深，人们逐渐意识到：地球之外很大概率存在智慧生命，不过不能想当然地称呼其为"外星人"。

人们的脑洞继续大开：如果地外文明真的存在，那么外星生命会藏在哪里呢？如果外星生命能够到达地球，其飞行器又在哪里补给呢？UFO 在很大程度上迎合了人类这方面的好奇心。

最早关于 UFO 的报道出现在 19 世纪 70 年代。1878 年 1 月，美国德克萨斯州的农民正在田间劳作，忽然看到天空中有个圆形物体在飞行。农民描述，这个 UFO 还会发出奇异的光，出现时没什么征兆，可以说是毫无规律，而转瞬间又无影无踪了。

全球各地几乎都有人宣称发现过不明飞行物，并自发地组织 UFO 研究团体。因为据称 UFO 出现的场景不同，形状千奇百怪，速度也有差异，很难将它们归类。由于存在不少被怀疑虚假的描述，科学家也没办法解释所有 UFO 现象。不过，对于 UFO 的起源，科学家给出了四大类观点。

第一种就是关于 UFO 的"主流"认知，即认为 UFO 是地外生命制造的飞行器，是用来探测星际宇宙的，甚至特意来监视地球。

第二种观点认为，UFO 可能是某种自然现象的"变异"。在美国空军的蓝皮书计划中，记载了发生在 1948 年的 UFO 乌龙事件。1948 年 7 月 24 日凌晨 3 时 40 分，2 名飞行员驾驶 DC-3 飞机时发现异常：某个物体从他们的右上方迎面掠过，急速上升并消失在云中，时间大约持续了 10 秒。他们向上级报告称，这个飞行物"似乎有火箭或者喷气发动机之类的动力装置"，因为它的尾部发射出大约 15 米长的火焰。他们特意强调，该物体没有翅膀或其他凸起物，但有"两排明亮的窗户"。

美国空军一度以为他们遭遇了苏联秘密战机，调查结论却有些令人哭笑不得：那天夜间正好赶上了流星雨，所以2位驾驶员看到的"奇怪飞行器"仅仅是远处的流星！

第三种情况与上述的近似，人们错把已知的物体当成UFO，且错误更"低级"。美国空军曾对12168件目击UFO的案件进行调查，结果证明：至少有80%报告UFO的人弄错了，实际发现的包括飞机、气球、云彩、流星等。

第四种情况令人感慨——人们"看到"的UFO只是幻觉，源于报告者的心理活动，要么是为了迎合急于找到UFO的愿望，自动脑补，要么可能是某种认知障碍。

随着研究自然现象取得新成果，最近有科学家提出，UFO可能与"精灵闪现"有关。物理学家科林·普莱斯认为，雷雨天气下，闪电刺激了天空中的电场之后，就会产生被称作"精灵闪现"的光亮，这些光亮经常会快速前行或者旋转飞奔。在地表的人看来，就好像是不明飞行物在闪闪发光。

尽管把UFO和外星人联系起来的观点一对三，一些UFO事件仍被当作世界未解之谜，成为永恒的话题，毕竟其背后体现的是人类探索未知宇宙、探寻自身起源的不懈追求。

2-6 费米悖论

（1）谁是费米

恩里科·费米（Enrico Fermi，1901—1954）是意大利著名物理学家、量子力学和核物理领域的重要奠基人之一，被称为"现代核时代之父"。他以研究原子核反应、粒子物理和统计力学闻名，并在1938年因"中子轰击产生的人工放射性"而获得诺贝尔物理学奖。费米不仅在理论物理学上具有非凡成就，还在实验物理领域表现突出，是世界上第一个成功构建核反应堆的人，推动了核能的发展。他参与了曼哈顿计划，对原子弹的研制有重要贡献。此外，费米还因在学术讨论中提出外星文明问题而引发著名的"费米悖论"。他在1954年因癌症去世，但他的科学遗产至今影响深远，许多物理现象、统计方法和研究设备均以他的名字命名，如"费米能量""费米子""费米实验室"等。

（2）费米悖论是怎样诞生的

费米悖论的诞生可以追溯到20世纪50年代，特别是在恩里科·费米与他的同事们的一次午餐谈话中。当时，费米与一些科学家在美国洛斯阿拉莫斯国家实验室吃午餐时，讨论了外星生命的可能性。根据当时的科学理解，宇宙是如此广阔，其中包含了数百万甚至数十亿个星系和行星。因此，科学家们普遍认为，外星生命的存在应该是非常有可能的。

然而，在这一讨论中，费米提出了一个问题，极为直接且简洁："他们在哪里？"这句话在当时没有立刻得到充分的解释，反而引发了广泛的讨论，也成了后人研究的核心问题。

这就是费米悖论的雏形：假设外星文明应该是普遍存在的，为什么我们没有观察到任何外星文明的迹象？从那个时候起，科学家和哲学家开始探索这个看似简单但又深刻的问题。

费米悖论在此后引发了关于宇宙中生命普遍性、文明的生命周期以及我们可能错过或无法识别外星生命迹象等方面的深入思考。这一悖论的核心问题是：如果外星文明普遍存在，那么它们的踪迹和信号为什么至今未被我们发现？

即便如此，费米悖论并非单纯的一个"问题"，它促使了多个学科的探索，包括天文学、物理学、生物学和哲学等。科学家们开始通过不同的假设和理论来尝试解释这一悖论，例如外星文明的稀少性、他们可能处于不同的技术水平，甚至是否存在"类地生命"的独特性等。

至此，费米悖论就成为了外星生命探索和天文学中一个极具影响力的话题。

（3）霍金对费米悖论的讨论

著名物理学家史蒂芬·霍金对费米悖论和外星生命问题有过多次讨论和推测。他并没有提出一个唯一的解释，但他通过不同角度探讨了几个可能的原因，尤其是涉及我们为何尚未发现外星人。

① 外星文明可能在主动"隐藏"自己。霍金认为，外星文明可能意识到，向宇宙大规模广播自己的存在可能是危险的。因此，某些高度发达的文明选择保持"沉默"或"隐形"，以避免吸引潜在的敌对文明。这类似于我们在自然界中看到的一些动物，它们为了自我保护而选择伪装或隐藏。

② 外星文明可能比我们更高级，对我们根本不感兴趣。霍金曾表示，某些外星文明可能技术上远远领先于人类，对我们这样的低级文明毫无兴趣，就像我们不会特意与蚂蚁建立联系一样。这种文明可能已经探索了宇宙的不同区域，但对我们这样的"初级文明"视而不见。

他曾说过一句形象的话："我们可能就像原始森林中的土著部落，我们也不知道外面有飞机从头顶飞过。"

③ 外星文明可能已经灭绝。霍金接受"大过滤理论"（Great Filter）的可能性，即宇宙中可能存在一种机制，使得文明在发展到一定阶段时容易灭亡。这可能是自然灾害、技术自我毁灭（如核战争或环境崩溃），或者其他难以预料的原因。因此，即便有外星文明出现，它们可能在能够与我们建立联系之前就已经消亡。

这与霍金多次强调的对人类未来的担忧有关。他认为人类如果不解决好核战争、气候变化等全球性危机，可能也会遭遇类似的灭绝威胁。

④ 我们可能找错了地方，或者缺乏合适的技术。霍金认为，外星文明可能通过我们尚未掌握或理解的方式进行交流。他们可能不会使用无线电信号，甚至可能利用某种量子通信或暗能量形式与宇宙互动，这些技术远超我们当前的探测能力。

他还提到，我们目前的宇宙探索范围和能力非常有限，绝大多数恒星系统尚未被仔细探测。我们也可能错过了重要的信号。

⑤ 外星文明可能是敌对的，接触可能带来危险。

附录 三
星际航行

在过去的一个世纪里，人类对未知世界的强烈探索欲望，推动了航空航天技术的迅速发展。从人类首次飞行到成功实现载人登月，宇宙探索的疆界一次次被拓宽。然而，当我们凝视浩瀚星空，面对遥远的恒星系统和行星时，我们不得不承认，现有的技术水平尚不足以支撑星际旅行的实现。要飞出太阳系，进行真正意义上的星际航行，需要创新性的思维模式和颠覆性的技术突破。

3-1 星际飞船的分类

随着人类对星际航行的探索深入，构建适合星际飞船成为了关键议题。不同的星际飞船类型不仅在推进方式、能源来源和设计哲学上各有不同，还反映了人类当前和未来对星际航行的多元化需求。科学家们正致力于设计能够超越太阳系并抵达邻近恒星的飞船，每种飞船的概念都致力于星际航行的独特挑战。

在这里，将系统性地探讨星际飞船的主要分类，每一类飞船都代表了科学界对未来技术的大胆设想，以及如何通过不同途径实现人类跨越星际空间的梦想。

按照星际飞船的航行速度可以将星际航行分为亚光速和超光速两大类。从目前科学的角度来看，无论是驾驭快子或是穿越虫洞的旅程，都仍是近乎空中楼阁的臆测，实现的机会十分渺茫。因此，让我们将注意力转移到亚光速飞行之上。

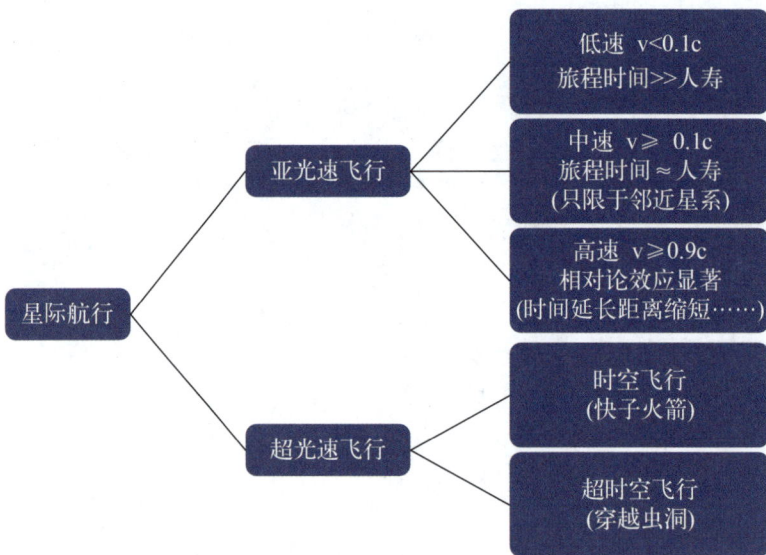

```
                              ┌─────────────────────┐
                              │  低速 v<0.1c        │
                              │  旅程时间>>人寿      │
                              └─────────────────────┘
                              ┌─────────────────────┐
              ┌──亚光速飞行──│  中速 v≥ 0.1c       │
              │               │  旅程时间≈人寿       │
              │               │  (只限于邻近星系)    │
              │               └─────────────────────┘
              │               ┌─────────────────────┐
              │               │  高速 v≥0.9c        │
  星际航行────┤               │  相对论效应显著      │
              │               │  (时间延长距离缩短……)│
              │               └─────────────────────┘
              │               ┌─────────────────────┐
              │               │  时空飞行            │
              └──超光速飞行──│  (快子火箭)          │
                              └─────────────────────┘
                              ┌─────────────────────┐
                              │  超时空飞行          │
                              │  (穿越虫洞)          │
                              └─────────────────────┘
```

学者把亚光速飞行再分为"低速""中速"和"高速"三大类，这是对人类科技发展水平三种不同的预测。所谓"低速"，是指人类尽管将太空飞船的速度不断提高，但最终也只能限于光速的 1/10 以下。不用说，以这样的低速飞行，星际旅程的时间必然比人类的寿命长很多倍。在今天看来，这样的预测是比较保守或者悲观的。

较为乐观的科学家都比较倾向于第二种预测，即认为太空飞船的速度可达到或超过光速的 1/10，以这样的中速飞行对于探索邻近的恒星来说，旅程的时间勉强可在人寿以内，例如假设太空飞船的速度能够达到光速的 1/3，那么往南门二探险往返大约需要 26 年，而去天狼星探险往返则需要 50 多年。

最后，一种更为乐观的预测，则认为太空飞船可以达到"相对论的速度

(relativistic speeds)"，即光速的 90% 或以上。由于时间延长的效应，以这样的高速飞行，旅程的时间从地球上看来跟飞船上的人看来将有很大的差别，从地球上的人看来，太空飞船若跨越 500 光年，所需的时间就是 500 年多一点；但就飞船上的人来说，可能只是 50 年或甚至只是 5 年，时间的缩短取决于他们趋近光速的程度。

通过对以往关于推进系统的分析，可以得出以下粗略的结论：无论是化学火箭、离子火箭，还是以核裂变作动力的火箭，都只能体现"低亚光速"飞行，核聚变火箭可以把人类带到"中亚光速"飞行的区域。如果能成功地应用冲压式发动机，它是一种高效的推进系统，是为了推动太空飞船进行星际探索而设计的。相比传统的火箭发动机，星际冲压式发动机拥有更高的推进力和更低的燃料消耗，使得宇宙航行变得更加高效和可行，则星际航行更可能趋向于"高亚光速"飞行的境界；至于真正的"高亚光速"或"近光速"飞行，则必须有待冲压式光子火箭的出现，或是一个星际激光推送网络的建立。其中光子火箭是很有希望实现恒星际航行的动力装置，然而工程问题又难以解决。

3-2 狭义相对论

狭义相对论是由爱因斯坦等物理学家创立的一个应用在惯性参考系下的时空理论，是对牛顿时空观的拓展和修正。

这里又涉及一个概念"惯性参考系"，惯性参考系，也称为惯性空间或伽利略参考系，是不经历任何加速度的参考系。它是一个参考系，其中一个孤立的物理对象，作用在其上的净力为零的物体，被感知为以恒定速度运动（它可能是零速度），或者等效地，它是一个参考系，其中牛顿的第一运动定律成立。

下面，举一个受狭义相对论支配的例子，在遥远的太空深处的一个区域，远离所有恒星和行星（以及它们的引力影响）。在这个黑暗的宇宙空间里，有两个自由移动的空间站，没有任何加速或旋转。每一个空间站里都坐着一位观测者，并且都带着自己的钟表和测量仪，可以测量时间和距离。另外，他们都有一个设备齐全的物理实验室，在那里他或她可以进行各种物理实验，来探索或验证相关的物理定律。这就是爱因斯坦狭义相对论所说的观察者。他们身处一个自由的、而且没有加速参照系中，这种参照系通常被称为"惯性参照系"，所以也可以称他们为"惯性观察者"。

在这个例子里，爱因斯坦的"狭义相对论"就是针对这两位惯性观察者，当惯性观察者彼此相对运动时，他们看见的情景，既有相对的，也有是绝对的。于是，就可以得到答案了，狭义相对论的"相对"于谁？是相对于"惯性观察者"。

假如爱因斯坦狭义相对论只是针对深空环境有效，那就是研究理论学者的事情了。但是，狭义相对论也适用于地球上很多情况，比如，在真空环境下的观察者，另外还有科学家在粒子加速器中研究粒子对撞问题。事实上，通过狭义相对论推导出来的理论成果，都已经在实验室中获得了验证。

3-3 星际旅行的可行性

人类一直在努力地探索地外生命，随着航天科技的发展，今天我们已经有能力飞向太阳系的八大行星、矮行星、行星的卫星和小行星。20世纪，人类科学知识的空前积累，技术创新与生产力的飞速发展，社会财富的不断增值，奇迹般地改变了世界的面貌。但是，这短短的一百年与宇宙演变过程比起来，简直是九牛一毛。人类经常把星际飞行当成传说。卡尔·萨根说："对我们来说，另一个文明要么是神，要么是禽兽。"

为什么说遥远和漫长的星际旅行是可以实现的呢？随着科学技术的发展，我们可以改变自己的生物钟，可以把飞船设计得像人类文明的微缩都市那么大，或者说我们可以让机器人代替我们航行，用接近光速的速度飞行，利用爱因斯坦的广义相对论来避免时间因素的影响。我们可以利用反物质或者核动力推进器来提供能量，让我们的探索冲破束缚。航天技术的发展，让我们相信：只要有了足够的时间和合适的技术，我们可以穿梭于星系内外。

爱因斯坦指出，不同的观察者以不同的速度运动，时间的流动是不同的。尽管这一发现与直觉相悖，但它已经被一次又一次地证明了。

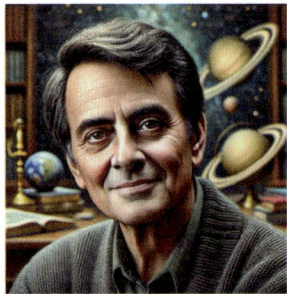

卡尔·萨根（Carl Sagan，1934—1996），是美国著名的天文学家、宇宙学家、科普作家和科学传播者。他不仅在科学研究领域取得重要成就，还通过科普作品向大众普及了宇宙知识，激发了全球无数人对宇宙的好奇心。

卡尔·萨根的主要贡献：

① 科学传播：萨根最著名的作品之一是电视纪录片《宇宙：个人之旅》（Cosmos: A Personal Voyage），这部纪录片通过通俗易懂的方式介绍了天文学、物理学以及宇宙中的奥秘，至今仍广受赞誉。

② SETI 计划的倡导者：萨根积极支持和推动搜寻地外智慧生命（SETI）计划，致力于寻找来自宇宙中其他智慧生命的信号。

③《暗淡蓝点》与环境保护：他在《暗淡蓝点》（Pale Blue Dot）一书中，以地球在太空中的微小存在为背景，呼吁人类保护环境、珍惜家园，成为环境保护运动的重要声音。

④ 对太空探测任务的贡献：萨根参与了多项 NASA 的太空探测任务，例如"旅行者号"探测器上的金唱片设计，用以传递地球文明的信息给可能存在的外星生命。

萨根通过科学研究和科普作品架起了科学与大众之间的桥梁，他的思想和理念至今仍影响着人类对宇宙的探索。

参考文献

[1] 闻新，张静华，王畋等．航天器设计与新概念航天器．北京：化学工业出版社，2024.

[2] 万志强，易楠，章异赢等．问天神器——航天器、火箭与导弹的奥秘．北京：化学工业出版社，2018.

[3] 刘登锐．百年航天．北京：化学工业出版社，2015

[4] 贾玉红，黄俊，吴永康．航空航天概论．北京：北京航空航天大学出版社，2022.

[5] 贾阳，贾思航．图说火星探测的科学．北京：化学工业出版社，2024.

[6] 焦维新．图说空间站的科学．北京：化学工业出版社，2024.